银杏营养贮藏蛋白质特性研究

●郭红彦　编著

中国农业科学技术出版社

图书在版编目（CIP）数据

银杏营养贮藏蛋白质特性研究/郭红彦编著．—北京：中国农业科学技术出版社，2010.5
ISBN 978-7-5116-0193-3

Ⅰ.①银…　Ⅱ.①郭…　Ⅲ.①银杏—蛋白质—贮藏—研究
Ⅳ.①Q949.64 ②Q946.1

中国版本图书馆 CIP 数据核字（2010）第 097248 号

责任编辑　张孝安　赵　赟
责任校对　贾晓红

出 版 者　中国农业科学技术出版社
北京市中关村南大街 12 号　邮编：100081
电　　话　（010）82109708（编辑室）（010）82109703（发行部）
（010）82109704（读者服务部）
传　　真　（010）82109700
网　　址　http://www.castp.cn
经 销 者　新华书店北京发行所
印 刷 者　北京雅艺彩印有限公司
开　　本　787 mm×1092 mm
印　　张　5.75
字　　数　152 千字
版　　次　2010 年 5 月第 1 版　2010 年 5 月第 1 次印刷
定　　价　30.00 元

前　言
Preface

季节性氮素贮藏是树木氮代谢的显著特征。植物营养器官中的氮素贮藏对维持植物体内相对稳定的内环境及保证植物的正常生长发育方面具有重要意义。20 世纪 80 年代中期以来，人们发现，贮藏氮化物的主要形式是专门的贮藏蛋白质，并称之为营养贮藏蛋白质。这种蛋白质通常在夏末秋初开始积累，而在整个越冬期间维持较高含量，随着春季新梢萌发，贮藏蛋白质被降解成氨基酸，以满足枝条生长对养分的需求。贮藏蛋白质的存在不仅防止养分损失，而且也为树木在新的生长季生长发育提供必需的养分储备。

银杏（*Ginkgo biloba* L.）是中生代遗留下来的孑遗植物，也是我国特有的多用途经济树种。随着科学技术发展，人们对银杏叶、花、果、材化学成分的研究越来越深入，其营养价值和医疗保健作用越来越引起人们的重视，其丰产栽培及新品种选育已引起人们的重视，但有关银杏体内营养贮藏蛋白质在树木氮代谢及生长发育中的调节作用，其研究很少，有关银杏树体内营养贮藏蛋白质功能研究几乎是空白。

本书以本人完成的博士论文为基础，结合国内外相关研究资料，系统总结了银杏营养贮藏蛋白质研究成果，旨在使人们对银杏营养贮藏蛋白质有全新的认识。导师彭方仁教授为我完成的博士论文倾注了大量心血和汗水，在此，我向恩师致以衷心感谢和崇高敬意！

笔者开展的银杏营养贮藏蛋白质相关研究，得到国家自然科学基金项目（30872055）、高校博士点基金（20070298008）、山西农业大学科技创新基金项目（2008029）和山西农业大学博士科研起动基金资助。

在此，谨向关心、帮助我的各位老师表示衷心感谢！

郭红彦

2010年5月

目　录
Contents

第一章　导论 / 1

1　木本植物营养贮藏蛋白质研究进展 / 1

1.1　木本植物营养贮藏蛋白质的基本特征 / 2

1.2　木本植物营养贮藏蛋白质的生化特性 / 10

1.3　木本植物营养贮藏蛋白质的生理功能 / 14

1.4　营养贮藏蛋白质的积累与降解机理 / 17

1.5　木本植物营养贮藏蛋白质研究展望 / 25

2　蛋白质组学及其在农林业研究中的应用 / 28

2.1　蛋白质组学研究进展 / 28

2.2　蛋白质组学在林业研究中的应用 / 30

2.3　蛋白质组学在农业研究中的应用 / 35

2.4　林木蛋白质组学研究展望 / 40

3　立题依据、研究目的及意义 / 41

第二章　银杏营养贮藏蛋白质的细胞学研究 / 43

1　引言 / 43

2　材料与方法 / 44

2.1　研究材料 / 44

2.2　采样方法 / 44

2.3　光镜样品的制作 / 44

2.4　电镜样品的制作 / 45

3 结果与分析 / 45

3.1 银杏的年生长周期 / 45

3.2 银杏显微结构分析 / 46

3.3 银杏超微结构分析 / 57

4 结论与讨论 / 67

4.1 银杏的贮藏蛋白质细胞属于杨树型 / 68

4.2 银杏营养贮藏蛋白质在植株中的分布 / 68

4.3 营养贮藏蛋白质的积累 / 69

4.4 银杏营养贮藏蛋白质的动用 / 70

第三章 银杏营养贮藏蛋白质生物化学性质研究 / 73

1 引言 / 73

2 材料与方法 / 74

2.1 研究材料 / 74

2.2 采样方法 / 74

2.3 试剂 / 75

2.4 可溶性蛋白质干粉的制备 / 77

2.5 可溶性蛋白质含量的测定 / 78

2.6 SDS-聚丙烯酰胺凝胶电泳 / 79

2.7 双向凝胶电泳 / 80

2.8 SDS-聚丙烯酰胺凝胶的过碘酸-Schiff（PAS）试剂染色 / 82

3 结果与分析 / 83

3.1 银杏不同部位可溶性蛋白质含量的动态变化 / 83

3.2 银杏不同部位营养贮藏蛋白质的单向电泳分析 / 88

3.3　银杏营养贮藏蛋白质的双向电泳分析 / 95
3.4　银杏营养贮藏蛋白质的糖蛋白性质的分析 / 100
4　结论与讨论 / 105
4.1　银杏不同部位可溶性蛋白质含量的差异 / 105
4.2　银杏营养贮藏蛋白质组分的确定 / 106
4.3　银杏不同部位营养贮藏蛋白质具有明显的季节变化规律 / 108
4.4　双向电泳方法的探讨 / 109
4.5　银杏营养贮藏蛋白质具有糖蛋白质的性质 / 110
4.6　凝胶不同染色方法的比较 / 113

第四章　银杏营养贮藏蛋白质的免疫化学特性研究 / 114

1　引言 / 114
2　材料与方法 / 115
2.1　研究材料 / 115
2.2　采样方法 / 115
2.3　试剂 / 115
2.4　银杏营养贮藏蛋白质抗血清的制备 / 118
2.5　银杏 32kDa 和 36kDa 两种蛋白质免疫印迹 / 123
2.6　酶标免疫光镜定位 / 125
2.7　胶体金免疫电镜定位 / 126
3　结果与分析 / 127
3.1　银杏营养贮藏蛋白质抗体制备的分析 / 127
3.2　银杏营养贮藏蛋白质的免疫印迹分析 / 133
3.3　银杏营养贮藏蛋白质免疫组织化学定位分析 / 139

4 结论与讨论 / 142
4.1 银杏营养贮藏蛋白质抗体获得 / 142
4.2 银杏 36kDa 和 32kDa 营养贮藏蛋白质组分的确定 / 144

第五章 总结论 / 146

1 主要研究结论 / 147
1.1 银杏营养贮藏蛋白质的细胞学研究 / 147
1.2 银杏营养贮藏蛋白质的生化性质的研究 / 148
1.3 银杏营养贮藏蛋白质的免疫组织化学定位研究 / 150
1.4 银杏营养贮藏蛋白质组分的确定 / 151
2 本研究的创新与特色 / 152

参考文献 / 153

第一章

导 论

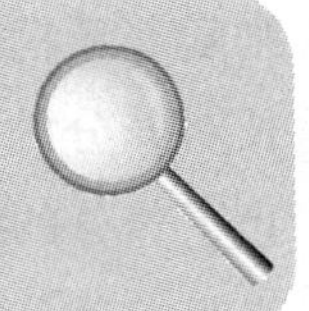

1 木本植物营养贮藏蛋白质研究进展

树木中氮素的季节性循环与树木在秋季的休眠和春季休眠被打破是密切相关的。这种营养物质位置的转移往往受控于顶芽、茎和根部蛋白质、淀粉、类脂等物质的积累。这些贮藏物质能为在冬季进行的呼吸作用和其他代谢过程提供底物，同时在春季蒸腾作用形成前，有助于芽的萌发和根部早期阶段的生长。营养物质的季节性循环是多年生植物重要的越冬策略，对树木减少营养物质的损失、生物量积累以及自身抵抗不良环境的能力有重要作用（Steward and Thompson，1950）。

20 世纪 50 年代初期，人们对植物体内贮藏氮化物的作用一直持怀疑态度，并认为当年施氮肥对树木生长有显著影响，而贮藏氮素的作用并不重要（Steward and Thompson，1950）。后来通过对苹果、桃等果树的深入研究发现这些贮藏氮化物对树木的生长、开花、结实都有重要的作用（Hill and Williams，1967）。有研究者在一些温带树种中分离并得到专门的贮藏蛋白质，称之为营养贮藏蛋白质（Stepien *et al.*，1994）。

营养贮藏蛋白质（Vegetative storage proteins，VSPs）是许多落叶树木越冬期间贮藏氮素的主要形式。这种蛋白质通常在夏末秋初树体中开始积累，整个越冬期间维持较高含量，在春季则随着新梢的萌发，贮藏蛋白质被降解成氨基酸以满足枝条生长对养分的需求（Staswick，1994）。贮藏蛋白质的存在不仅防止了养分的损失，而且也为树木在新生长季的生长发育提供了必需的养分储备。有关木本植物营养贮藏蛋白质的研究最早是在苹果和其他果树中进行的，其后在许多落叶树种及部分常绿针叶树体内的皮层细胞、次生韧皮部薄壁细胞、维管束形成层细胞、木质射线细胞中，均发现有一种结构上类似于双子叶植物种子蛋白体的高含量蛋白质器官（Greenwood *et al.*，1990；Sauter and Wellenkamps，1988；Wetzel *et al.*，1989a）。利用半薄切片光学显微镜观察及超薄切片电子显微镜技术，有关蛋白质染色特性和胃朊酶消化特性的研究，证实了柳树（Sauter and Wellenkamps，1988）和杨树（Sauter *et al.*，1988）的具膜凝集物具有蛋白质特性，利用 SDS-凝胶电泳技术测定出了杨树木材提取物中一种 32kDa 的蛋白质组分（Sauter and Wellenkamps，1988）。同时利用免疫金法成功地标记了液泡凝集物中的这种物质，并用白兔获得了这种蛋白质抗体，从而对其蛋白质特性得以证实（Stepien *et al.*，1994）。目前对木本植物 VSP 的分类和定位、生化特性、生理功能、合成与降解机理、基因表达与调控等方面进行了大量研究，积累了丰富的资料（彭方仁等，2001）。

1.1 木本植物营养贮藏蛋白质的基本特征

20 世纪 80 年代中期以来，从其他温带树木中分离的贮藏蛋白质，称之为营养贮藏蛋白质（Stepien *et al.*，1994）。营养贮藏蛋白质有如下特点：①积累在循环库外的贮藏组织细胞的液泡中；②在休眠季节，其占贮藏组织可溶性蛋白质的相当大比例，在 SDS-PAGE 图谱上表现为少数几条显著的蛋白质谱带；③在树木重新生长后其含量显著降低，甚至在谱带上完全消失

（Clausen and Apel，1991）；④它们的积累和降解受“源-库关系”的调节（Staswick，1994）。

Kang 和 Titus（1980a）发现，树皮中蛋白质与种子中蛋白质存在明显差异，表现在：①树皮蛋白质的含量低。在休眠季节，苹果树皮蛋白质含量占树皮干重的 3.35%（Kang and Titus，1980a）；大多数种子中，蛋白质含量占种子干重的 20%～40%（Millerd，1975）；②树皮蛋白质大多为水溶性蛋白质，种子蛋白质大多为盐溶性蛋白。在苹果树皮可溶性蛋白质中其水溶性蛋白质占 85%，盐溶性蛋白质占 15%（Kang and Titus，1980a）。在休眠的黄瓜种子子叶中，蛋白质占子叶干重的 26%，其中 93% 为球蛋白（即盐溶性蛋白）（Chou and Splittstoesser，1972）。

1.1.1 木本植物营养贮藏蛋白质的分类与定位

从目前研究的木本植物贮藏蛋白质体来看主要存在两种类型，一类被称为杨树型，研究的树种有杨树（*Populus*）、柳树（*Salix*）、槭树（*Acer*）、接骨木（*Sambucus nigra*）、松树（*Pinus*）、云杉（*Picea*）、香脂冷杉（*Abies balsamea*）、北美香柏（*Thuja occidentalis*）等，这些树木的 VSP 在秋天和冬天出现在薄壁细胞的单膜小泡（小液泡）中，它们类似于种子中的蛋白质体（Protein body），所以被称为蛋白质体，但也有人称它们为贮藏蛋白质液泡（Protein-storage vacuoles）；另一类则被称为橡胶型，主要研究过的树种有巴西橡胶（*Hevea brasiliensis*）、苦楝（*Melia azedarach*）、降香黄檀（*Dalbergia odorifera*）等热带树种，它们的贮藏蛋白质主要存在于细胞的中央大液泡中。这些蛋白质体或贮藏蛋白质液泡，主要存在于次生韧皮部和皮层组织的薄壁细胞内（Greenwood *et al.*，1990；Wetzel *et al.*，1989b；Sauter and Wellenkamps，1988），此外在木射线薄壁细胞（van

Cleve *et al.*，1988；谭海燕等，2000）、形成层细胞（Harms *et al.*，1992）及维管形成层内（Wetzel and Greenwood，1991）也有报道。在温带树木的茎中，各种组织细胞中均可积累贮藏蛋白质。例如，在杨树和柳树的皮层薄壁细胞、次生韧皮部、次生木质部，甚至形成层细胞中都曾观察到蛋白体（Sauter *et al.*，1988；Sauter and Wellenkamp，1988；Sauter and van Cleve，1989；Wetzel and Greenwood，1991）。类似的情况也见于除巴西橡胶树以外的其他几种热带树木，但是，形成层细胞无液泡蛋白质内含物（Wu and Hao，1991；Hao and Wu，1993），这可能与温带树木和热带树木不同的生长发育特性有关（郝秉中和吴继林，1993）。

营养贮藏蛋白质的积累及蛋白质体超微结构，均随着季节及组织年龄的变化而变化（Coleman *et al.*，1993），秋季，美洲黑杨（*Populus deltoides*）及糖槭（*Acer saccharum*）树干皮层细胞内均没有发现贮藏蛋白质液泡（Wetzel *et al.*，1989a）；欧美杨（*Peuramericana*）蛋白质体在冬季呈颗粒状分布，而春季随着贮藏蛋白质液泡的增大，蛋白质体呈集中的块状分布。郝秉中等（1993）认为，温带树木与热带树木贮藏蛋白质形式的差别可能与它们的生长发育特性有关，温带树木中含贮藏蛋白质的薄壁细胞在树木生长——休眠——生长期间，细胞液泡发生如下明显变化：中央大液泡——分散的小液泡（包括蛋白体）——中央大液泡（Greenwood *et al.*，1990；Wetzel and Greenwood，1991；Wu and Hao，1991）。这种细胞液泡化变化，可能是温带树木发育的一般特点，不管它们的韧皮部细胞中是否含有贮藏蛋白质。另一方面，已研究的热带树种由于都是落叶树，因而有一个落叶同时停止生长的时期，但是它们在生长——停止生长——生长期间，薄壁组织细胞的液泡并不发生明显变化，而是一直保持着中央大液泡（Wu and Hao，1987，1991）。联系到温带和热带树木木筛分子季节发育的差别（郝秉中等，1993），热带树木季节发育的性质与温带树木可能是很不同的。

1.1.2　木本植物营养贮藏蛋白质在树木中的分布

Greenwood 在热带树种巴西橡胶树（*Hevea brasiliensis*）的次生韧皮部和温带落叶树种西洋接骨木（*Sambucus nigra*）的树皮中，发现了积累营养贮藏蛋白质的专门结构，特别是在一些温带树种中，人们发现这种结构类似于种子贮藏细胞组织中的蛋白体，并称之为蛋白体或者蛋白贮藏液泡（Greenwood *et al.*，1986；Sauter and Wellenkamp，1988；van Cleve *et al.*，1989）。大量研究表明这种结构广泛存在于树木的营养器官中，而且蛋白体的数量和蛋白质内含物的量在不同树种间以及同种树木不同细胞之间存在较大的差异。说明树木氮化物的贮藏形式可能是多样的，有的以蛋白质形式积累在蛋白体中，有的以其他无机或有机氮化物形式积累（表 1－1）（吴继林和郝秉中，1986，1994，1997；郝秉中等，2000；van Cleve *et al.*，1989；Greenwood and Wetzel，1990；Wetzel and Greenwood，1991；Clausen and Apel，1991；Sauter and van Cleve，1992；van Cleve and Apel，1993；Stepien and Martin，1992；Sennerby，1986；Wu and Hao，1991；田维敏和吴继林，2002）。

表 1－1　木本植物营养贮藏蛋白质的主要特征及定位

Table 1－1　The main characteristic and localization of VSPs in Woody plants

植物名称 The name of plants	取材部位 Sample organs	积累部位 Accumulation organs	蛋白体/蛋白贮藏大液泡 Protein body/storage vacuole	光镜/电镜 Optical/ lectron microscope
Populus × *canadensis*	3 年生枝条	次生木质部	蛋白体	电镜免疫细胞化学定位

（续表）

植物名称 The name of plants	取材部位 Sample organs	积累部位 Accumulation organs	蛋白体/蛋白贮藏大液泡 Protein body/storage vacuole	光镜/电镜 Optical/ lectron microscope
Salix microstachya	2～4 年生枝条	树皮	蛋白体	免疫荧光组织细胞化学定位
Populus canadensis	1～3 年生枝条	次生木质部	蛋白体	电镜免疫细胞化学定位
Sophora japonica	小的侧枝	叶、树皮	蛋白贮藏大液泡	电镜免疫细胞化学定位
Populus × eurameri.	*d* = 10cm 枝条	树皮	蛋白体	酶联免疫组织细胞化学定位
Populus canadensis	2～3 年生枝条	树皮	蛋白体	光镜、扫描电镜及电镜免疫细胞化学定位
Sambucus nigra	2～3 年生枝条	内侧树皮	蛋白体	免疫荧光组织细胞化学定位
Populus × canadensis	3 年生枝条	次生木质部	蛋白体	电镜免疫细胞化学定位
Hevea brasilensis	1～2 年生枝条	树皮	贮藏大液泡	光镜、电镜
Khaya senegalensis	1～2 年生枝条	树皮	贮藏大液泡	光镜、电镜
Melia azedarach	1～2 年生枝条	树皮	贮藏大液泡	光镜、电镜
Chukrasia tabularis	1～2 年生枝条	树皮	贮藏大液泡	光镜、电镜
Dalbergia odorifera	1～2 年生枝条	树皮、木质部	贮藏大液泡	光镜、电镜
Picea abies	1～2 年生枝条	茎内层树皮	蛋白体	电镜、光镜
Picea glauce	1～2 年生枝条	茎内层树皮	蛋白体	电镜、光镜

（续表）

植物名称 The name of plants	取材部位 Sample organs	积累部位 Accumulation organs	蛋白体/蛋白贮藏大液泡 Protein body/ storage vacuole	光镜/电镜 Optical/ lectron microscope
Populus × canadensis	5 年生枝条	次生木质部	蛋白体	电镜、光镜
Salix caprea	2 年生枝条	次生木质部	蛋白体	电镜、光镜
Pinus sylvestris	1～2 年生枝条	叶、茎内层树皮	蛋白体	电镜
Pinus strobes	1～2 年生枝条	叶、茎内层树皮	蛋白体	电镜
Abies balsamea	1～2 年生枝条	叶	蛋白体	电镜
Thuja occidentalis	1～2 年生枝条	叶、茎内层树皮	蛋白体	电镜
Salix microstachya	2～3 年生枝条	茎内层树皮	蛋白体	光镜
Populus deltoids	2～3 年生枝条	茎内层树皮	蛋白体	光镜
Acer saccharum	2～3 年生枝条	茎内层树皮	蛋白体	光镜
Quercus rubra	2～3 年生枝条	茎内层树皮	蛋白体	光镜
Robinia pseudoacacia	2～3 年生枝条	茎内层树皮	蛋白体	光镜
Tilia Americana	2～3 年生枝条	茎内层树皮	蛋白体	光镜
Betula papyrifera	2～3 年生枝条	形成层	蛋白体	光镜
Alnus glutinosa	2～3 年生枝条	茎内层树皮	蛋白体	光镜

（续表）

植物名称 The name of plants	取材部位 Sample organs	积累部位 Accumulation organs	蛋白体/蛋白贮藏大液泡 Protein body/ storage vacuole	光镜/电镜 Optical/ lectron microscope
Gleditsia triancanthos	2～3年生枝条	茎内层树皮	蛋白体	光镜
Fraxinus Americana	2～3年生枝条	茎内层树皮	蛋白体	光镜
Fagus sylvatica	2～3年生枝条	茎内层树皮	蛋白体	光镜
Acer saccharum	2～3年生枝条	茎内层树皮	蛋白体	光镜
Acer rubrum	2～3年生枝条	茎内层树皮	蛋白体	光镜
Salix spaethii	2～3年生枝条	茎内层树皮	蛋白体	光镜
Salix smithiana	2～3年生枝条	茎内层树皮	蛋白体	光镜
Populus deltoides	2～3年生枝条	茎内层树皮	蛋白体	光镜
Populus × *canadensis*	2～3年生枝条	茎内层树皮	蛋白体	光镜
Populus canadensis	3年生枝条	次生木质部	蛋白体	电镜
Populus × *canadensis*	3年生枝条	次生木质部	蛋白体	电镜
Larix deciduas	1～2年生枝条	茎皮层、形成层	蛋白体	电镜
Salix microstachya	2～4年生枝条	树皮	蛋白体	电镜
Salix viminalis	幼茎	形成层	蛋白体	电镜

1.1.3 木本植物营养贮藏蛋白质的细胞形态学

不同树种的营养贮藏蛋白质的超微结构类型各异。槐树叶的营养贮藏蛋白质超微结构有两种类型：电子致密的团块状和稀疏絮状，他们分别存在于不同细胞的中央大液泡里（Herman *et al.*，1988）。降香黄檀（*Dalbergia odorifera*）的营养贮藏蛋白质呈电子致密的团块状或呈均匀分布或呈不同形态的纤维状，他们分别存在于不同的细胞中（Hao and Wu，1993）。巴西橡胶树的营养贮藏蛋白质呈纤维状（直径约 7nm），他们常常排列比较整齐，与长柱形的韧皮薄壁组织细胞大略平行（Wu and Hao，1987）。楝科的非洲楝（*Khaya senegalensis*）、麻楝（*Chukrasia tabularis*）和苦楝（*Melia azedarach*）的营养贮藏蛋白质呈颗粒状，结构均一，常常黏链聚合成团块状（Wu and Hao，1991），其中苦楝的营养贮藏蛋白质又有两种类型，一种电子密度高，一种电子密度低，他们分别存在于不同的细胞中（Wu and Hao，1991）。美国椴树（*Tilia americana*）也有高电子密度和低电子密度两种形态的蛋白体，分别存在于不同的细胞中（Wetzel *et al.*，1989a）。关于杨树营养贮藏蛋白质的超微结构，就是同一研究者所得出的观察结果也有差异（Sauter and Kloth，1987；Sauter *et al.*，1988；Sauter and van Cleve，1990），这可能是由于采样时期不同造成的，因为杨树营养贮藏蛋白质的超微结构存在明显的季节变化（Sauter and van Cleve，1990）。虽然树种、取样时期和部位以及处理方法和切片方向的不同可能会影响到营养贮藏蛋白质的超微结构，但超微结构的差异在本质上很可能是营养贮藏蛋白质的种类不同造成的。

1.2 木本植物营养贮藏蛋白质的生化特性

1.2.1 木本植物营养贮藏蛋白质的等电点

杨树和柳树树皮的 VSP 表现出不同的等电点变异，通过双向凝胶电泳能将其分离（Langheinrich and Tischner，1991；Wetzel and Greenwood，1991；Stepien *et al.*，1994）。但目前尚不能确定存在营养贮藏蛋白质的异构现象是杨柳科树种的共同特征。谈建中等（1999）通过双向电泳分析，认为桑树树液中的蛋白质主要组分分子量在 10～100kDa 范围，等电点 pI 在 5～8 之间。谷瑞升等（1999）鉴定出胡杨愈伤组织形成器官 20kDa 的标记蛋白，其等电点 pI 为 5.5～6.5。李慧玉等（2004）通过对樟子松正常枝和突变枝进行蛋白质双向电泳，发现差异表达的蛋白质点可能与突变丛生枝的发生有关，他们的等电点为：pI 4.939、pI 5.395、pI 5.402 和 pI 5.389，分子量分别为 14.816kDa、14.025 kDa、14.206 kDa 和 14.356 kDa。银杏种子中胚乳中贮藏蛋白质的等电点在 5.8～7.8 之间分布（李生平，2004；Guo *et al.*，2007）。

1.2.2 木本植物营养贮藏蛋白质的分子量

木本植物营养贮藏蛋白质组分因树种不同存在明显的差别，大多数树木 VSPs 的分子量在 15～45kDa 之间，少数分子量较大，在 60kDa 以上。研究最多的是杨树的 32kDa 蛋白质。此外，确定分子量的还有杨树 36kDa、38kDa、落羽杉 35kDa、欧洲落叶松 25kDa、27kDa、32kDa 蛋白质。松属树种的 VSPs 主要是低分子量（15kDa）蛋白质，而橡胶树的 VSP 分子量明显较高（67kDa）（Staswisk，1994；Stepien *et al.*，1994）。已报道的几种木本植物营养贮藏蛋白质分子量如表 1－2 所示。

表1-2 几种木本植物营养贮藏蛋白质的分子量

Table 1-2 Molecular weights of several VSPs accumulated in woody plants

植物名称 The name of plants	积累部位 Accumulation organs	分子量（kDa） Molecular weight（kDa）	出处 Reference
杨树（*Populus* sp.）	树皮，木质部，根	32，36	Langheinrich and Tischner，1991
小红柳（*Salix smithiana*）	树皮	32	Wetzel and Greenwood，1989
银杏（*Ginkgo biloba*）	树皮	40，45	Shim and Titus，1985
糖槭（*Acer saccharum*）	树皮	16，24	Wetzel and Greenwood，1989
美洲黑杨（*Populus deltoides*）	树皮	32	Wetzel and Greenwood，1989
	树皮	32，34	Coleman *et al.*，1991
欧美杨（*Populus euramericana*）	木质部	32	van Cleve *et al.*，1988
	树皮	32，34，36，38	Stepien and Martin，1992
桃树（*Prunus persica*）	树皮	16，19	Arora *et al.*，1992
	木质部	19	Arora *et al.*，1992
欧洲落叶松（*Larix decidua*）	树皮	25，27，32	Wetzel and Greenwood，1989
北美乔松（*Pinus strobus*）	树皮	15	Wetzel and Greenwood，1989
落羽杉（*Taxodium distichum*）	木质部	35	Harms and Sauter，1991
水杉（*Metasequoia glyptostroboides*）	木质部	32，34	Harms and Sauter，1991

（续表）

植物名称 The name of plants	积累部位 Accumulation organs	分子量（kDa） Molecular weight（kDa）	出处 Reference
花旗松（*Pseudotsuga menziesii*）	芽	30	Roberts *et al.*，1991
云杉（*Picea* sp.）	芽，茎，根	20，27	Roberts *et al.*，1991
巴西橡胶（*Hevea brasiliensis*）	树皮	67	Tian *et al.*，1998
大叶桃花心木（*Swietenia macrophylla*）	叶，树皮	18，21	田维敏，2002
荔枝（*Litchi chinensis*）	树皮，小根	22	田维敏，2002

1.2.3 木本植物营养贮藏蛋白质的组成与结构

从杨树、柳树、大豆等植物中分离的 VSP 均为糖蛋白（Staswick，1994；Wetzel and Greenwood，1991）。三角叶杨（*Populus trichocarpa*）32kDa、36 kDa 多肽和欧美杨（*P. Euramericana*）的 32kDa、36kDa 和 38kDa 多肽均报道为糖原型（Langheinrich，1991；Stepien and Martin，1992）。欧美杨树皮 VSP 的含糖量为 10% ~20%（Stepien *et al.*，1994），而在一些多年生的豆科植物中，凝集素的含糖量为 3% ~8%（Staswick，1994）。这些多糖可能具有多种生理功能，但有关木本植物 VSP 中多糖化酶的生理功能尚不完全清楚，低聚糖链的出现可能具有维持冬季休眠期间的热稳定性和增加碳贮藏含量的功能。

有关 VSP 多糖的构成也进行了一些研究，但尚无明确的结论。对豆科植物皮层凝集素的研究表明 VSP 的多糖为 N-链连接的寡聚糖（Staswick，1994）。对杨树营养贮藏蛋白质 32kD 蛋白质的 cDNA 序列分析已检测出 N 糖基化的潜在位置（Coleman *et* al. , 1992)。但是，杨树树皮 VSP 与可识别 β（1～3）半乳糖、N-乙酰半乳糖胺的花生凝集素可进行交叉反应，这意味 O-链接寡聚糖的存在（Stepien *et al.* , 1994）。

1.2.4 木本植物营养贮藏蛋白质的同源性

许多研究表明杨树的 VSP 与种子贮藏蛋白具有一定程度的同源性。杨柳科树种 VSP 的同源性表现在多种水平上。首先，VSP 具有许多类似的生化特性，表明其结构上具有一定的同源性，即分子量大小、多肽图及脱糖基化方式基本相似。通过采用多克隆抗体技术已证实了三角叶杨与欧美杨树皮 VSP 结构上的同源性（Stepien *et al.* , 1994）。VSP 的免疫同源性也是普遍存在的，已报道的有不同杨树树种及不同组织内积累的 VSP 具有免疫同源性（Langheinrich and Tischner，1991；Stepien *et al.* , 1994）；落羽杉、水杉的木质部 VSP 具有免疫相关性（Harms and Sauter，1992）；西洋接骨木（*S. nigra*）、美洲接骨木（*S. canadensis*）和蓝筛朴（*Slsieboldiana*）的树皮凝集素也具有免疫相关性（Staswick，1994）。此外，美洲黑杨 32kDa 树皮 VSP 的 cDNA 编码核苷酸序列与欧美杨 32kDa 木质部 VSP 的 cDNA 编码核苷酸序列十分相似（Coleman *et al.* , 1992），两种 cDNA 核苷酸序列分析表明他们与杨树受伤叶片表达的 *win*-4 和 *win*-16 基因具有一定程度的同源性（Stepien *et al.* , 1994）。

1.2.5 木本植物营养贮藏蛋白质的季节变化规律

树木营养贮藏蛋白质存在明显的季节性变化。它们在树木落叶期大量存在，抽新梢后急剧消失，在下一个生长周期又开始大量重新积累。早期观察到的树木贮藏氮化物的季节变化很可能是因营养贮藏蛋白质的季节变化所致（Wetzel and Greenwood，1989；Sauter and van Cleve，1992）。树皮是营养贮藏蛋白质积累的主要场所，但枝条的木质部和根也积累了相当的营养贮藏蛋白质。Clausen 和 Apel（1991）曾推测树木营养贮藏蛋白质积累的调控因子有二种类型，一是氨的有效性，二是温度和短日照。大量研究证明，杨树 32kDa 营养贮藏蛋白质的积累受短日照—长夜光周期调控（Langheinrich and Tischner，1991；Coleman *et al.*，1991，1992，1993），与生长停止无关（Junttila，1980；Coleman *et al.*，1991；Langheinrich and Tischner，1991）。最近，Zhu 和 Coleman（2001a）将编码杨树 32kDa 蛋白质的一个基因的启动子（长度 2. 8kb）和 GUS 基因的编码区构件一个融合基因并转化于杂交杨。在短日照和施氮条件下都能诱导出 GUS。黑暗中断处理抑制短日照的诱导作用。在启动子中，与短日照和氮诱导有关的调控元件是分隔开的。在长日照条件下，根施氮肥和低温处理也能诱导营养贮藏蛋白质的积累（van Cleve and Apel，1993）。研究表明，无论在长日还是在短日条件下，氮的有效性对杨树 32kDa 营养贮藏蛋白质的基因表达都有作用，但是施氮不能在很短的时间内增加营养贮藏蛋白质的 mRNA 水平（Coleman *et al.*，1994）。大豆营养贮藏蛋白质积累的较直接的调控因子是茉莉酮酸（JA）或甲基茉莉酮酸盐（MeJA）（Staswick，1994）。在杨树中，甲基茉莉酮酸盐处理后 72h，植株中的伤诱导基因 *Win*4 和树皮贮藏蛋白质基因表达可被诱导或增加。在较长时间内（1 个月），MeJA 处理引起树皮贮藏蛋白质和 *Win*4 积累，表明 MeJA 参与杨树氮代谢的调控（Beardmore *et al.*，1999）。

1.3 木本植物营养贮藏蛋白质的生理功能

1.3.1 营养贮藏功能

木本植物的 VSP 通常被认为是一类为春季生长提供氮素的

贮藏物质。VSP 贮藏功能的确定主要是根据这些蛋白质在韧皮部中含量的季节性变化（王改萍，2003）。蛋白质含量的季节性变化可用凝胶电泳方法观察蛋白质谱带的改变得以证实（Wetzel *et al.*，1989a）。显微技术也能显示这种蛋白质含量的变化，吴继林和郝秉中对几种楝科树种末端小枝的显微观察发现，落叶期间整个次生韧皮部的薄壁组织细胞中都充满了蛋白质颗粒，而当抽新梢时这些蛋白质在次生韧皮部的里层消失（Wu and Hao，1991）。Rossato（2002）等在芸薹的包围组织的外皮层薄壁细胞中也发现了一种 23kDa 的 VSP。经实验证明，当植物对氮素的吸收显著下降时，这种 VSP 能继续维持颗粒饱满，而且在衰老的叶片中流失的氮素与果实维持饱满之间起贮藏缓冲器的作用（Clausen and Apel，1991）。杨树射线细胞蛋白质体的代谢与大量氨基酸进入导管是同时进行的，这充分表明 VSP 作为营养贮藏用于树木生长发育（Coleman *et al.*，1993）。此外，营养贮藏蛋白质也有暂时性氮素贮藏作用，因为施氮可诱导其在生长季节积累（Wetzel and Greenwood，1991；Coleman *et al.*，1994）。

1.3.2 植物凝集素

西洋接骨木（*Sambucus nigra*）和洋槐（*Robinia pseudoacaci*）等树木树皮中的凝集素具有 VSP 的特性（Staswick，1994；Greenwood *et al.*，1986；Nsimba and Peumans，1986；Herman *et al.*，1988）。目前尚没有充足的证据确定非豆科树种积累的 VSP 是否具有凝集素的特性。从欧美杨树皮中分离出的内源 VSP 不具血球凝集素的活性，且这种杨树 VSP 的寡糖链也不能被西洋接骨木 SAN 凝集素所识别（Stepien *et al.*，1994）。但 Greenwood 等（1990）认为许多落叶树木树皮中丰富的凝集素主要起贮藏作用而不具有防御性等功能。

1.3.3 酶活性

对大豆营养贮藏蛋白质的研究表明：大豆的VSP94具有脂肪氧化酶的所有特征，即相似的分子量、相同的氨基酸序列、类似的cDNA编码序列，并参与植物体内的脂肪酸代谢及植物对病菌侵染或受伤的反应（Staswick，1994）。最近对大豆、番茄叶片营养贮藏蛋白质的研究表明，它们具有酸性磷酸酶的活性（Staswick，1994）。RuBP羧化酶是光合碳代谢中的重要调节酶，是植物中最丰富的蛋白质，它主要存在于叶绿体间质中，呈可溶状态，占叶绿体可溶蛋白质的50%～60%（曾志杰等，2002）。Staswock（1994）就把叶片中极为丰富而在光合作用中起重要作用的酶Rubisco看作是树木在营养生长时期起氮素贮藏作用的营养蛋白质，它是从衰老叶片中转移的叶氮主要来源。多年生大豆种类的叶Rubisco复合蛋白质（Rubisco complex protein，RCP）与大豆营养贮藏蛋白质相似，两者主要在幼叶中，且含量丰富。诱导营养贮藏蛋白质积累的因子对RCP也有作用（Staswick，1997），因此，它可看作是营养贮藏蛋白质。

1.3.4 营养贮藏蛋白质与伤害诱导蛋白质

目前已经证实杨树的VSP与伤害诱导蛋白质密切相关（Coleman *et al.*，1992）。伤害和水分亏缺能诱导大豆VSP基因的表达，但尚没有充足的证据说明VSP直接参与了植物的防御，然而，在胁迫条件下，VSP基因表达是对植物源强度下降的一种适应，因为胁迫诱导减慢了植物的生长。在胁迫条件下，营养贮藏蛋白质可以增强树木的抗逆性。大量研究证明，营养贮藏蛋白质可能与温带落叶树木抗寒有关。桑树（*Morus alba*）在冬季大量积累脯氨酸，这对增强树木的抗寒可能性有重要作用

(Suzuki，1984)，因为脯氨酸被看作是植物体内的一种“抗冻剂”(Withers and King，1979)。在冷驯化时期，温带树木大量积累蛋白质，这些蛋白质与树木抗寒有直接关系。此外，贮藏蛋白质的积累与树木的休眠有一定联系，因此，很难确定树木抗寒性的增强是因休眠所致还是归因于氮化物的积累。有人认为树木在冷驯化过程中出现新的蛋白质或某些蛋白质的积累只是一种一般性反应（Guy，1990)。Arora 等用常绿的和落叶的桃树同胞种（Sibing）作材料，证明了树皮贮藏蛋白质的质和量的变化与冷驯化有关（Arora *et al.*，1992)。在具季节变化的三种相对含量高的蛋白质中，16kDa 和 19kDa 蛋白质可能是典型的营养贮藏蛋白质，而 60kDa 蛋白质与抗寒性有直接联系（Arora *et al.*，1992；Arora and Wisniewski，1994)。桃树 60kDa 蛋白质是一种 dehydrin 蛋白质（Arora and Wisniewski，1994)，而 dehydrin 蛋白质有抗冻剂的作用（Lin and Thomashow，1992)。后来研究表明，与 dehydrin 免疫相关的含量高且有季节变化的蛋白质广泛存在于温带树木中（Wisniewski *et al.*，1996)。另外，苹果树皮贮藏蛋白质峰 III 组分与抗寒有关（Kang and Titus，1980)。

1.4　营养贮藏蛋白质的积累与降解机理

1.4.1　木本植物营养贮藏蛋白质的基因表达与调控

目前对木本植物营养贮藏蛋白质的基因表达、克隆和排序也进行了一些初步的研究，Coleman 等（1992）发表了杨树 VSP 的基因序列，大豆营养贮藏蛋白质获得了高水平的基因表达(Staswick，1994)，蒋浩等（1999）利用 PCR 方法从美洲黑杨基因组中 DNA 扩增得到了 VSP 启动子片段，经与 GUS 基因融合构建中间载体后转化于烟草，获得了一批 PCR 检测为阳性的转化再生植株。大量研究表明，营养贮藏蛋白质基因的数量和多样性表达受种种发育因子及外界刺激因子的影响。这些因子包括源-库状态、韧皮部阻碍、可利用性 N 含量、伤害诱导、水分亏缺、光照强度和糖分含量等，上述大多数因子与源-库状态及器官暂时性贮藏需求存在直接或间接的相关（Staswick，1994）。

1.4.2 木本植物营养贮藏蛋白质的积累机理

关于蛋白质体中蛋白质来源问题，Franceschi 等（1983）认为，在营养生长阶段，植物体内绝大部分氨基酸不进入叶脉的筛管（即循环库）而是转运至叶片的脉侧叶肉组织（Paraveina mesophyll，PVM），在 PVM 细胞内合成营养贮藏蛋白质，积累在中央大液泡里。也有人报道了在几种植物细胞中偶尔可见粗面内质网膜与蛋白质体外膜相连的情况，内质网池与质体膜相通。他们认为蛋白质可能在这种粗面内质网上合成，合成后进入内质网池、质体膜腔、经由内膜向内折形成的小管通道到达一定部位沉积下来（Staswick，1994）。Greenwood 等用免疫细胞化学试验证实蛋白质体的蛋白质是由粗内质网合成的，合成后转移到蛋白质体中（Greenwood and Wetzel，1990）。在小红柳（*Salix microstachya*）的韧皮薄壁细胞内蛋白质体的发育过程中，细胞基质中的自由核糖体和粗内质网增加，随着蛋白质的积累，在细胞质边缘和小液泡周围出现了粗糙内质网的堆积，也有高尔基复合体的出现（Greenwood and Wetzel，1990；田维敏和吴继林，2002）。这表明粗内质网和高尔基复合体参与了营养贮藏蛋白质的合成及向蛋白质体的转移。在发育的豌豆中已证实，在贮藏蛋白质的发育过程中，液泡体积增加 2.5 倍能导致液泡表面积增加 100 倍（Sauter and Wellenkamp，1988），中央液泡的分解过程是使得贮藏蛋白质体液泡膜表面积迅速扩大的主要机理之一（Stepien and Martin，1992）。

1.4.3 木本植物营养贮藏蛋白质的降解机理

有关林木 VSP 的降解机理的研究并不多，人们推测可能与研究较清楚的大豆营养贮藏蛋白质的降解机理存在某些相似之处（郭红彦等，2006）。这种降解过程应包括不同蛋白酶的协同作用。有关木本植物树皮组织蛋白酶及其活性的研究较少，研究者已从苹果枝皮中分离了一种酸性内源蛋白酶并对其特性进行了初步的研究（van Cleve and Apel，1993）。但这种酶是否参与苹果 VSP 的降解及这种酶的活性是否存在季节性变化目前尚不清楚。VSP 降解期间的蛋白质凝胶电泳分析表明，12kDa 和 14kDa 的两种多肽可能是其降解的最初产物（Staswick，1994），但有关林木 VSP 降解的步骤仍一无所知。Coleman 等（1991）对生长在不同光周期条件下分别进行打破休眠及去除顶芽处理的美洲黑杨（*Populus deltoides*）32kDa 营养贮藏蛋白质的降解机理进行了比较深入的研究，结果表明：仅具有未休眠芽的植株或进行低温及 H_2CN_2 打破休眠处理的植株才能发生 VSP 的降解，VSP 的降解受去芽处理的抑制，而且温度对 VSP 的降解没有直接的影响，因此认为 VSP 降解所必需的条件是芽的萌发（Coleman and Mullet，1995）。这表明树木的芽以某种方式调控着 VSP 的降解，且这种调控与激素有关，Coleman 等认为赤霉素（GA）激活糊粉层中的半胱氨酸内切酶可能是控制杨树 VSP 降解的主要机理（van Cleve and Apel，1993；Coleman and Mullet，1995）。

进一步研究 VSP 的代谢机理，从基因表达与调控入手是一条非常重要的途径。目前对木本植物的 VSP 基因表达、克隆的研究表明：VSP 基因数量和多样性的表达受多种因子的影响，包括“源-库”状态、韧皮部阻碍、可利用性氮的含量、伤害诱导、光照等因子（Staswick，1994）。同时对克隆和序列也进行了初步的研究。如 Coleman 等发表了杨树 VSP 的基因序列（Coleman *et al.*，1992），后来 Susan 和 Lawrence 用短日照光周期（SD）方法诱导杂交杨顶芽形成过程中得到了 3 种不同 VSP 同源染色体——损伤诱导蛋白质（WIN4）、树皮贮藏蛋白质（Bark Storage Protein，BSP）和氮素辅助 DNA（Pni288）。结果表明：三种基因的表达分别受时间和空间的调节，随着顶芽的形成，WIN4 和 Pni288 含量降低，BSP 显著升高。BSP 主要集中在茎中，而且会对短日照光周期（SD）做出反应；WIN4 则主要集中在根尖，其转录不受 SD 的诱导（Susan，2001；郭彦青，2005）。

1.4.4 影响木本植物营养贮藏蛋白质代谢的主要因素

1.4.4.1 内部因素

1）激素

（1）茉莉酸（JA） 许多研究表明，茉莉酸（Jasmonic Acid，JA）及茉莉酸甲酯（Methyl jasmonate，MeJA）在植物体内的含量因组织、发育时期和所处环境的不同而存在显著差异。一般而言，茉莉酸的含量在幼苗、胚芽、花及发育中的果皮中较高（Coleman and Mullet，1995；Lopz *et al.*，1987）。他们在控制木本植物体及其种子中贮藏蛋白的积累和植物在逆境中合成防御蛋白时起着重要的作用。Farmer 用实验证明 JA 是通过诱导组织中蛋白酶抑制剂的基因表达来影响植物中 VSP 的积累（Farmer and Ryan，1990）。目前已经发现许多 JA 响应基因 Pin2 和 VSP（Kim and Choi，1992）的启动子中均含有 G-box 序列 CACGTG，然而是否是普遍现象仍有待证实。曹宝巽等发现，JA 和 ABA 均能诱导植物的某些逆境蛋白的形成（曹宝巽，1990），但 JA 与其他激素之间的相互作用机理还不清楚。关于 MeJA 对杨树营养贮藏蛋白质积累和降解的报道也不少，Beardmore 曾用外源 MeJA 对几种杨树不同冠层的叶片及根、茎等部位进行了短期（72h）和长期（1 周、2 周、3 周和 4 周）的处理，短期处理后发现 WIN4 和 BSP 有了显著的积累，长时间处理后发现蛋白质和氮的含量发生了明显的变化（Beardmore *et al.*，2000）。除此之外，被处理的植株枝干生物量和整体抗寒能力明显提高，这表明外源 MeJA 对杨树的氮代谢存在一定的影响。对大豆的研究发现，当大豆新叶展开，VSP 含量上升期间，其体内的 JA（Coleman and Mullet，1995）和 MeJA 含量也很高，研究者认为，内源 MeJA 和 JA 可以通过改变植物对氮的利用率或者通过增加氮素同化成蛋白质（如，VSPs）的途径来调节植物体内氮素的代谢（徐茂军等，2006；陆忠华和汪霞，2005；黄胜琴等，2002；刘新，2002；曹宗巽，1990）。

（2）赤霉素（GA） 一般认为，GA 和 IAA 等属于生长促进型激素，影响种子的萌发、茎的伸长、花的诱导和种子的形成。目前对 GA 通过信号传导调节 VSP 的研究工作主要集中在谷物类糊粉层系统中，它通过诱导 α—淀粉酶的表达来影响贮藏蛋白的积累与降解。有关 GA 调节木本植物 VSP 的研究并不多。Staswick 认为 GA 的调节作用与短日照（SD）光周期的诱导密切相关，试验证明 SD 能改变 GA 的代谢，而 GA 代谢又与高生长及芽的形成有关（Staswick，1994）。GA 的调节作用可能与改变了植物内部的“源—库”关系有关。

（3）细胞分裂素（CTK） CTK 是一类较活跃的植物激素。近年来的研究表明，CTK 对植物氮代谢相关基因的表达有一定影响。如：能增加硝酸还原酶的 mRNA 转录水平，从而影响植物体内的氮素循环。此外，CTK 还能通过促进或抑制一些多肽的翻译来调节蛋白质的生物合成（Chen *et al.*，1987）。有研究指出，对 CTK 响应的硝酸还原酶和羟基丙酮酸还原酶至少在转录水平上受 CTK 的调控（Anderson *et al.*，1996；Lu *et al.*，1990；王兆龙和曹卫星，2000）。刘大林指出植物细胞分裂素能明显提高紫花苜蓿的蛋白质含量（刘大林等，2005），在柑橘、桃、葡萄等上也有相应的报道（章璘，1995；章璘等，1996）。

（4）脱落酸（ABA）和生长素（IAA）内源激素对植物代谢的调控并不是彼此独立的过程，而是通过彼此间相对含量的变化来发挥作用。Ye 等研究了百日菊离体薄壁细胞中 P48h—10 基因的转录过程中 CTK 对 IAA 的调节作用，结果表明 IAA 单独处理 48h 后才出现转录产物的积累，而加了 CTK 后可使转录产物提前 24h 出现，但 CTK 单用时并不能诱导基因的转录（Ye and Varner，1994）。ABA 对 CTK 的拮抗作用也反映在基因的表达上。在矮牵牛中，CTK 促进而 ABA 抑制其冠生长和 mRNA 的积累，在紫萍中 CTK 可抑制 ABA 诱导的 *tur*4 基因的转录（Ye and Varner，1994）。姚永宏等（2005）报道，茶树体内各种激素在不同器官中敏感性不同并起着协同连锁性的作用，这对研究植物中激素对 VSP 积累的调控有重要意义。

2）酶

酶活性的变化对木本植物 VSP 代谢的影响与激素密切相关。植物激素与环境因子对植物细胞中各种酶的合成和酶活性具有调节作用，它可以通过促进合成或抑制降解来增加酶的活性，从而进一步调控 VSP 的代谢。许多木本植物中 VSP 与磷酸化酶或脂肪加氧酶在序列缺失方面有一定的相似性，它本身就能表现出较弱的酸性磷酸化酶的活性，也有实验证明细胞分裂素对磷酸化酶有调节作用（Ye and Varner，1994）。可以认为，VSP 的代谢与激素调控下的酶活性间相耦联。目前有关酶对植物氮代谢影响的研究主要集中在谷氨酰胺合成酶（GS）、谷氨酸合酶（GOGAT）和硝酸还原酶（NR）等（李常健等，2000；周国璋和吴祖洪，1990）。

在不考虑激素调控的水平下，Gallardo 等将谷氨酰胺合成酶（GS）基因导入杂交杨（*P. tremula* × *P. alba*）中（Gallardo *et al.*，2003），希望通过转基因技术来揭示酶对 VSP 的影响。后来有人用试验证明了 GS 在木本植物氨的同化和代谢过程中起着非常重要的作用，它能为 VSP 的合成提供相应的氨基酸。植物对氨的同化主要依赖谷氨酰胺合成酶（GS）/谷氨酸合酶（GOGAT）循环。GS 和 GOGAT，两种酶共同作用，将植物从土壤或光呼吸或蛋白质降解形成的氨基酸再氨基化后所形成的 NH_4^+ 转给 α-酮戊二酸而生成谷氨酸，在 ATP 供能的条件下进而合成谷氨酰胺，这两种物质又可被植物用于其他含氮化合物的合成和转化。这一循环是植物将无机氮转化成有机氮的最主要的途径（李常健等，2000）。从 20 世纪 80 年代开始对 GS 的分子生物学研究以来，人们逐渐认识到 GS 可以作为预测植物氮素利用率高低的重要指标之一，并利用其在时空上表达的高度专一性来培育新型的转基因植株，以便更深入地研究 GS 的专一性表达。

硝酸还原酶（NR）也是植物体生理代谢的重要酶类。它属于显著的诱导酶，在植物硝酸盐同化、贮藏蛋白质、氨基酸代谢过程中发挥着关键性的作用。对它的研究起步较晚（1953 年首次在农作物中发现），20 世纪录年代后才靛逐步扩大到林业上，主要围绕树木的良种选育，林木的经营等方面来探索其在林业中的应用前景。NR 是氮素代谢的关键酶，其活性的高低直接决定着植物对氮素的利用效率，已成为预测树木生长和营养水平的重要生理指标（周国璋和吴祖洪，1990）。就研究水平而言，主要集中在：①应用 NR 活性进行种源的鉴定和无性系生长潜势的预测；②与其他指标结合预测种实产量；③作为种子园营养诊断指标，指导实时、准确、科学施肥；④指导选择合理的氮肥种类，提高植物对氮肥的利用率；⑤判断最佳施肥期，达到合理施肥的要求。

1.4.4.2 外部因素

（1）光周期 光周期可以影响植物的一系列复杂的代谢过程，如开花、芽的生长、茎的伸长以及休眠等，对氮素的积累、转移和 VSP 代谢也存在显著影响。研究表明，与长日照（LD）处理的植物相比，经过短日照（SD）处理后的紫花苜蓿顶芽中一种 32kDa 蛋白质的转录水平和含量明显增加，与几种木本植物中观策到的现象一致（Coleman *et al.*，1991），但是影响的程度会因他们遗传性状的不同而不同。在用 SD 处理杨树的试验中，用红光中断暗条件 15min 以后与没有红光中断的对照相比发现，32kDa 蛋白质的含量显著下降（Sauter and van Cleve，1992），而且可以直接阻止 BSP mRNA 的转录水平和 BSP 启动子的活性，表明杨树中某些 VSP 的表达确实受光周期的调控，而且这种结果的出现部分是以光敏色素为媒介的。据连续观察数据表明，调控 WIN4 和 BSP 转录的因素是不相同的，他们在对 SD 做出反应时受不同信号路径所调控。WIN4 的转录水平在 BSP 转录增加之前呈下降趋势。在顶端分生组织中，WIN4 的下降规律是对 SD 的早期反应，而且出现在顶芽完全形成之前。相反，BSP 的上升规律恰好出现在 SD 刺激改变叶子的解剖结构之后。这些因子调控氮素的转移机理已经在 SD 处理的实验中显现出来。以往许多研究认为秋季短日照是诱导温带树木营养贮藏蛋白质积累的重要因子，笔者研究认为新梢早期积累 VSP 是温带和热带树木的一个共同特点，与短日照、生长停止和低温无关（田维敏等，2003；田维敏等，1999；郭娟等，2002）。

（2）低温 目前研究低温对 VSP 积累的影响主要以紫花苜蓿为标志性植物，人们发现经过低温处理后，植株中的氮素优先向根部转移，顶芽中总蛋白质的含量明显提高，但是 VSP 的含量并没有随之增加。在受 SD 和 LD 处理并同时受低温处理的杨树中也没有发现 VSP 的含量有增加的趋势（Sauter and van Cleve，1992）。这些实验结果表明，植物中 VSP 的积累主要是受光周期而不是低温的调控。

（3）水分胁迫 一般认为，水分胁迫使蛋白酶等一系列水解酶的活性增加，促进蛋白质分解。据报道，水分胁迫能促进小麦老化，同时提高内肽酶和外肽酶的活性，从而导致一些蛋白质的水解。对荔枝叶片的研究表明，在中度水分胁迫下，蛋白酶活性迅速提高，抗旱性强的品种提高幅度显著高于抗旱性弱的品种，在高度水分胁迫下，活性增大更多，2 个供试品种蛋白酶的活性均极显著大于中度水分胁迫下的蛋白酶活性，抗旱性弱的品种增幅更大。经分析，叶片中的总可溶性蛋白质含量与蛋白酶活性呈显著负相关，这表明总可溶性蛋白质含量的下降是由于蛋白酶活性升高引起蛋白质水解所致（陈立松和刘星辉，1999）。周国璋等在小麦叶片上的研究表明，随着水分胁迫时间的延长，小麦叶片水溶性蛋白和非水溶性蛋白质含量均显著降低，蛋白酶活性明显升高，并指出多胺参与了对蛋白质酶的调控（周国璋和吴祖洪，1990）。

1.5 木本植物营养贮藏蛋白质研究展望

目前在木本植物营养贮藏蛋白质研究中存在的问题主要有以下几方面：

（1）对树木营养贮藏蛋白质的认识借鉴种子，通常把营养贮藏蛋白质的重要性简单地等同于种子贮藏蛋白质，强调树木营养贮藏蛋白质的季节性氮素贮藏功能。一般认为，营养贮藏蛋白质的重要性在于树木生长发育的早期为新梢的迅速生长提供充足的氮。但在活跃生长阶段，当年吸收的氮起主要作用，虽然新吸收的氮主要向新梢转移，但只占新梢总氮的很少部分。在生长季节的后期和休眠季节，回运的叶氮和根同化的氮用于营养贮藏蛋白质的重新积累。对营养贮藏蛋白质在树木的氮代谢及生长发育中的调节作用认识还不够。

（2）虽然营养贮藏蛋白质在树木中的分布是广泛的，但是得出他们普遍存在于树木中（Wetzel *et al.*，1989a）的结论还为时尚早。至今只检查了30多种树木而且除仅包括杨属、柳属和钻天柳属的杨柳科外，对其他包括较多属的科还没有做过系统检查。

（3）杨柳科树木的营养贮藏蛋白质高度同源，但关于其他科树木的营养贮藏蛋白质的同源性程度尚不知道。

（4）树木营养贮藏蛋白质的贮藏器官还有待进一步确定。以往绝大多数研究都是以2~3年生枝条，甚至更老的枝条为材料，现在很多研究者多以一年生或者当年生枝条作为研究材料。对营养贮藏蛋白质在整株树木中的分布及其季节性变化规律还不很清楚。

（5）虽然已从近20种树木中（其中50%以上的树木为杨柳科植物）分离到一些相对含量高，并且有明显季节变化的蛋白质，但是对其进行免疫定位的只有杨柳科植物的32kDa蛋白质和忍冬科、豆科少数树木的凝集素。因此，对营养贮藏蛋白质的分离鉴定还需做大量工作，以揭示其生化性质的多样性和统一性。

（6）树木营养贮藏蛋白质的研究集中在一些经济林木方面，而对果树中的营养贮藏蛋白质还了解得很少。虽然对在蔷薇科果树中的贮藏氮化物在果实生长发育中的重要性有充分的认识，但在这些果树中还没有鉴定出营养贮藏蛋白质。

(7) 由于气候条件、光照、温度和地理位置的差异，得出树种贮藏蛋白质种类可能不一致，另外就某些树种而言，由于取样时期和采样部位以及处理方法和切片方向的不同，可能会影响营养贮藏蛋白质的超微结构。在这些方面如果能有一个统一的标准就会更加科学化，更加完善。

对木本植物中 VSP 研究的目的在于进一步揭示其在树体内部的生理功能。目前提出的两种模式可以解释 VSP 的作用。第一种模式中，VSP 作为氮素吸收浓度的决定者：它们是促使氮素进入树体合成 VSP 本身的细胞场所的推动力。这一过程需要对 VSP 基因表达进行有效的控制，以便氮素在树体各器官中转移过程中来引导合适的氮吸收浓度，多数 VSP 基因能够发挥这种控制作用。第二种模式中，是其他因素决定一个细胞中相关氮素的吸收浓度，VSP 作为细胞中出现过量氮素时合成的被动储备物。具有独特细胞特性和诱导特点的多种 *VSP* 基因的存在，对于栽植于海岸带并遭受养分胁迫的树种来说是适应的，因为 VSP 的多样性能提高营养捕获的效率。

随着分子生物学研究手段的不断改良，研究与树木氮素代谢密切相关的基因的特点和生理功能变得更加方便。目前已制定出在杨树中应用农杆菌进行的常规性转基因方案，在针叶树种中也有了突破性进展。体细胞胚发生技术是获得针叶树种转基因个体的重要途径，同时也是研究发育基因表达和胚萌发过程中相关酶生理功能的一种理想模型。预示着将来完全有可能通过基因操作改进树木的氮代谢途径来提高树木的氮素利用效率。

可以说，对树木营养贮藏蛋白质的研究才刚刚起步，要阐明其生理功能还需要做大量工作，包括系统地检查它们在不同类群植物中的分布，在大量分离鉴定基础上，对其生化性质、氨基酸序列进行比较研究，以认识营养贮藏蛋白质的性质和功能的多样性和统一性；研究它们的积累和调控机制，以了解其在树木生长发育过程中的调控作用。

2 蛋白质组学及其在农林业研究中的应用

2.1 蛋白质组学研究进展

21 世纪将是生命科学的世纪，继 2000 年 6 月 6 日人类基因组“工作框架图”绘制完成后，参与人类基因组计划的美、日、法、德、英、中等 6 国科学家和美国塞莱拉公司于 2001 年 2 月 12 日联合向世人正式公布了人类基因组图谱及初步分析结果。这是生命科学史上的一次新飞跃，标志着后基因组时代的来临，在后基因组时代，研究的重心将从揭示生命的所有遗传信息转移到在整体水平上对功能的研究，即产生了功能基因组学这一学科，也就是从基因组整体水平上对基因的活动规律进行阐述。如在 mRNA 水平上，通过 DNA 芯片和微阵列法等技术检测大量基因的表达模式，取得了很好的进展。但是，众所周知，mRNA 的表达水平由于 mRNA 的存储和翻译调控以及翻译后加工等的存在，并不能直接反应蛋白质的表达水平，蛋白质特有的活动规律，如蛋白质的修饰、加工、转运定位、结构形成、代谢、蛋白质与蛋白质及其他生物大分子的相互作用等均无法从基因组水平上的研究获知。因此，对生物功能的主要体现者或执行者—蛋白质的表达模式和功能模式的研究就成为生命科学发展的必然，因而，在 20 世纪 90 年代中期，国际上萌发了一门研究细胞内全部蛋白质的组成及其活动规律的新兴学科——蛋白质组学（李佰良，1998；王志珍和邹承鲁，1998）。

蛋白质组学（Proteomics）是以基因组所表达的全部蛋白质，即蛋白质组（Proteome）为研究对象的科学。活细胞的生命状态会受许多因素的影响而发生改变，细胞内蛋白质在质或量上的变化是产生这种现象的重要原因。而目前不管是在基因组水平或是转录水平上得到的结果，都不可以对这种变化进行准确的描述。采用蛋白质组分析方法，不但可以确定在导致这种变化的过程中，究竟有哪些蛋白质在表达、其表达量如何、以及有没有翻译后修饰等特征，而且可以通过将同种生物的二种或多种不同状态的细胞（正常与病态）样品进行比较，来识别出那些在质和量上发生特异性改变的蛋白质（钟伯雄，1997；张国庆等，2003）。

目前蛋白质组学研究分析有三个步骤，第一步，运用2-DE技术分离样品中的蛋白质；第二步，应用质谱技术或N-端测序技术鉴定2-DE分离的蛋白质；第三步，应用生物信息学技术存储、处理、比较获得的数据。主要采用的研究技术有双向凝胶电泳技术（2-DE），生物质谱技术，蛋白质芯片和生物信息分析。蛋白质组学应用广泛，在微生物及多细胞生物体研究中的应用，在临床医学研究中的应用，在基础生物学的应用，在动物模型中的应用等多个方面（陈强等，2005；李强，2000；万晶宏和贺福初，1999；黄丽俟和王建华，2005；O'Farrell，1975）。

分析植物中蛋白质组分已广泛应用于植物的分类、进化、遗传和变异等方面的研究。目前，SDS-PAGE技术在亚基水平上对特定蛋白质的分析已取得了显著的进展，其形成的蛋白质谱带具有稳定性、均匀性和可加性，因此它成为研究植物亲缘关系的有效手段。电泳技术作为蛋白质分子水平的研究，越来越受到人们的重视，其在农林业方面的研究主要涉及以下几个方面。

2.2 蛋白质组学在林业研究中的应用

2.2.1 林木组织和器官蛋白质组学研究

植物基因表达具有时空特异性（Guo *et al.*，2002）。不同基因型以及同一基因型的不同个体之间，甚至是同一个体的不同组织和器官之间，在不同的生长发育阶段都存在蛋白表达上的差异。随着植物组织和器官在功能上的分化，其蛋白质在组成和数量上也发生相应的变化。因此，对不同组织和器官的蛋白质组学研究有助于我们理解植物基因表达的时空特异性以及生长发育机制。

关于林木组织和器官的蛋白质组学研究已有一些报道。Jorge 等（2005）首次对圣栎（*Quercus ilex* L.）叶片蛋白质组进行分析。通过二维凝胶电泳技术发现蛋白质的等电点主要在 5 ~ 8 之间，其相对分子量在 14 ~ 78kDa 之间。在 100 个定量的蛋白点中，有 43 个经液相色谱—串联质谱（LC-MS/MS）分析，最后通过数据库搜索鉴定了 35 个蛋白质，这些蛋白质主要是与光合作用、能量代谢有关的酶。田维敏等（2002）运用 SDS-聚丙烯酰胺凝胶电泳发现大叶桃花心木中 18kDa 营养贮藏蛋白质及巴西橡胶中 67kDa 的贮藏蛋白质。王改萍等（2006）运用双向电泳技术对银杏叶片蛋白质进行了研究，发现银杏叶片中的 55kDa、32kDa 和 18kDa 三种蛋白质在叶片中分布丰富，具有明显的变化规律。彭方仁等（2006）发现银杏枝条中存在高分子量蛋白质 45kDa，具有明显季节变化规律。郭红彦等（2007）运用单向电泳研究了银杏营养贮藏蛋白质的年动态变化规律。

针叶与木质部是针叶树种的两个重要器官，分别与植株生长和木材形成密切相关。Costa 等（1999）分析了海岸松这两个器官的蛋白质表达情况。采用双向凝胶电泳和银染法，在针叶与木质部中分别检测到900个和600个蛋白质点。通过氨基酸序列分析，分别鉴定了35个针叶蛋白质和28个木质部蛋白质。对两种组织比较后发现，有36%和29%的蛋白质分别在针叶与木质部中特异表达。所鉴定的蛋白质主要是与碳固定相关的蛋白质、水胁迫诱导蛋白质、伴侣蛋白质、木质化作用相关蛋白质、氮代谢相关蛋白质以及与防御相关的蛋白质等（袁坤等，2006）。Ekran等（1996）还研究了西部白松（*Pinus monticola*）针叶蛋白质的季节性变异，并对部分发生变异的蛋白质进行了N端测序分析。

由于林木组织中含有大量的干扰物质，给蛋白质样品制备带来了困难。因此，针对不同的植物材料，找到其最佳的提取方法是试验成功的关键。目前已有一些关于这方面的报道。Wang等（2003）比较了不同提取方法对橄榄（*Olea europea* L.）叶片蛋白质分离的影响，并找到了一种比较适合橄榄叶片蛋白质的提取方法。Faurober（1997）在对杏树（*Prunus avmeniaca*）树皮和叶片的研究中发现，当提取缓冲液中含有非离子型去污剂、还原剂、多酚氧化酶抑制剂时分离效果最佳。并从叶子中共分离到744个蛋白质，其分子量在19~90kDa，等电点在4.5~8.5之间。

林木第一个公开的蛋白质组数据库是海岸松数据库（Costa *et al.*，1999），主要包含海岸松针叶与木质部蛋白质的一些序列信息；不同组织和器官如花粉、芽、根、针叶、木质部、韧皮部、萌发与未萌发的雌配子体的2-D胶；还有季节性变异、水分胁迫对针叶蛋白质影响的数据以及遗传数据等。详细信息可在互联网上获得（http://www. pierroton inra. fr/genetics/2D/）。此外，还有关于橡树根组织（http://www. pierroton inra. fr/genetics/2D/oak root jpg）以及桉树木质部（http://www. pierroton inra. fr/genetics/2D/xylemeeuca jpg）2-D 图谱。这些数据将为林木蛋白质组学研究提供信息和参考。PDB 蛋白质数据库（Protein Data Bank，http：//www. rcsb org/pdb/）是国际上唯一的生物大分子结构数据档案库，由美国纽约 Brookhaven 国家实验室于 1971 年创建。由欧洲分子生物学实验室提供的 PHD 的 Web 服务（http：//www. errbl-heidelberg de/predict protein/predict protein html)，可对蛋白质序列和结构进行分析，当用户在此网页上提交序列后，可以获得此蛋白质序列的许多相关信息，如功能位点、结构域、基序、主要的二级结构、二硫键等（季芝娟等，2004)。

近年来，由于双向电泳技术、蛋白质检测及定量、指纹图谱和利用质谱仪（MS）测定蛋白质序列，增加了蛋白质组学分析的敏感度及效能，蛋白质组学作为生理和遗传研究的新工具，已渗透到植物特异性组织和器官的生理过程，对生物和非生物因素的胁迫反应。尤其是在由环境因子引起基因表达的变化及叶绿体膜蛋白结构等方面取得了长足进展。生物信息学及各种基因分离方法的改进，将有助于新基因的鉴定、分离。迄今为止，实验室鉴定的大多数蛋白赋予了生物学功能。然而，人们更期望基于基因组学研究发现未知功能的蛋白结构，利用结构和功能的相关性方法发现蛋白质未知的功能，并阐明目标蛋白质在信号转导途径中的位置，揭示植物抗病的机理。对不同生物的蛋白质组进行比较性研究，则可为研究植物的分子进化途径、探讨植物的起源等问题提供线索。蛋白质组数据库还将可能成为农药设计的目标。

2.2.2 蛋白质组学在雌雄异株树木的性别鉴定中的研究

常见的雌雄异株植物包括：银杏、香榧、君迁子、杨梅、猕猴桃、阿月浑子、野生葡萄、番木瓜、罗汉果、草莓等。不同性别的植物往往具有不同的经济价值。经济林果生产中，如果以种子和果实为收获对象，则需大量的雌株，而以营养器官生长为主的绿化林木有时雄株具有更高的经济价值，因此，研究植物性别在理论与实践中都有重要意义。近年来，有关果树性别的研究很受重视，相关研究报告较多（赵云云和刘捷平，1991；曹宗巽，1965；陈晓建等，2002；寿森炎和汪俏梅，2000；夏仁学，1997）。

Nandi 和 Mazumdar（1990）首先发现在雌雄异株的番木瓜雌雄花发育过程中，伴随着一些特异蛋白质的出现与消失，在对番木瓜蛋白质的分析中发现雌株蛋白质的水平大于雄株，在根和茎中特别明显，表明雌株有相对较高的代谢状况，为鉴定番木瓜幼苗的性别提供依据。汪俏梅和曾方文（1998）用毛细管电泳技术研究了苦瓜性别分化期间的蛋白质，发现了一些与苦瓜性别分化相关的特异蛋白质，其中一个相对分子量为 11kDa 的“关键蛋白质”与雌性分化有关，另一个 30kDa 的“关键蛋白质”与雄性分化有关。一些研究者对杨梅和银杏、娇猴桃的雌雄性也进行了研究（张潞生等，1999；张为民等，1998；张雪明，1989）。

2.2.3 蛋白质组学在木本植物逆境生理研究中的应用

林木由于世代长，在生长过程，不断受到生物环境因子如动物、植物、微生物等及非生物环境因子如干旱、寒害、盐渍、缺氧、机械损伤等的胁迫，这对林木的生长发育和生存都会产生严重影响。因此，了解林木环境信号应答和胁迫适应的遗传基础及分子机制对林木遗传资源管理和遗传改良具有重要意义。当林木受到胁迫时会引起大量蛋白质在种类和表达量上发生变化，而蛋白质组学研究可以使我们更好地了解不同生物之间的相互作用以及胁迫适应机制。目前林木在这方面的研究已有一些报道。

关于非生物胁迫的研究，Costa 等（1998）应用 2-DE 和氨基酸测序法研究了海岸松干旱胁迫下针叶蛋白质表达的变化。共得到大约 1 000 个蛋白质点，发现 38 个受干旱影响的蛋白质，对其中 11 个蛋白质进行氨基酸序列分析，通过序列同源性搜索鉴定了 10 种蛋白质。这些蛋白质种类多样，其中包括与光合作用、细胞延长有关的蛋白质，表达受到抑制；还有参与抗氧化代谢，木质化作用的蛋白质及一个热激蛋白质（Heat Shock Protein），其表达量上调。

Renaut 等（2004）还应用蛋白质组学的方法研究了低温对杨树（*Populus tremula* L. × *P. tremuloides* Michaux）蛋白质表达的影响。以在 23℃条件下生长的植株为对照，分析了的杨树暴露于 4℃低温（此处理并不影响植株的生存，但其生长几乎停止）7d 和 14d 叶子蛋白质组的变化。通过软件分析共检测到 800 多个蛋白质，其中有 60 个蛋白质受到低温的影响。在这 60 个蛋白质中，通过 MALD I-TOF-MS 及数据库搜索鉴定了 26 个蛋白质。其中在逆境条件下，新出现或表达量上调的蛋白质包括伴侣蛋白质、热激蛋白质、脱水素和其他胚胎发育晚期丰富蛋白质等；并发现 4℃条件下消失或表达量下调的蛋白质主要是与能量代谢有关的蛋白质。Davidsen（1995）还研究了挪威云杉在臭氧胁迫下针叶蛋白图谱的变化。

关于生物胁迫的研究也有报道。Davidson 等（1997）分析了西部白松（*Pinus monticola*）抗感疱锈病两种类型的个体中树皮蛋白质的表达情况。在所分析的 146 个蛋白质点中，其中 14 个为抗病类个体所特有，88 个为感病类个体所特有，二者共有的为44个，这其中有30个在感病类个体中显著增加。结果表明，感病类个体中特有蛋白质的数目高于抗病类，且许多蛋白质与病程相关蛋白质（Pathogenesis-Related proteins，PRs）具有相似的电荷与分子量。

2.2.4 蛋白质组学在木本植物病害研究中的应用

范国强等（2003）分析毛泡桐和白花泡桐同龄、同方位的病株健叶、病株病叶和健株健叶蛋白，表明它们的蛋白质变化具有一定相似性。在两种泡桐健株健叶和病株健叶中存在一种病株病叶中没有的蛋白质多肽，可能与泡桐丛枝病相关。张晓勤等（2004）分析天麻染菌球茎皮层和不染菌的新生球茎皮层的蛋白质，发现新生球茎中5个蛋白质的表达明显增加。柑橘裂皮病是柑橘的主要病害之一，严重影响世界范围内柑橘的生产，柑橘裂皮类病毒的寄主范围很广（何云蔚和王国平，2004），除柑橘外，还可引起葡萄、豌豆、番茄等植物发病，2-DE技术可以快速、简单地检测柑橘类病毒的早期阶段，成本低廉。

2.3 蛋白质组学在农业研究中的应用

2.3.1 蛋白质组学在植物物种鉴定中的应用

经典分类所依据的性状（形态、结构等）在有些植物中极不稳定，地理环境对它的影响很大，地理分布上往往有交错、重叠和替代现象。而蛋白质是基因直接产物，是性状（从宏观到微观，从生长、发育、生殖、适应环境到新陈代谢）的直接体现者，因此，蛋白质将成为从分子水平上研究生物遗传、变异、分类和亲缘关系的重要指标。张为民等（1998）应用电泳技术对5种黄精属植物的茎和叶的蛋白指纹作了分析，发现不同种属其蛋白质有很大的差异，而且不同种属都有各自的特有蛋白质。应用电泳技术对烟草等的品种的鉴定研究也收到较好效果（梁明山等，2001；刁莉等，2002；Greenwood *et al.*，1990）。因此，特异蛋白质可作为植物物种的鉴定的一个指标，它也是未来物种鉴定的新型技术。

品种鉴定是农业生产、作物育种和种子检验上的重要方法，也是新品种保护的重要手段（兰海燕和李立会，2002；徐献军等，2002）。在种子纯度鉴定技术方面已开展了大量研究，在小麦、杂交水稻、烟草、豌豆、花生等作物中已形成较成熟的鉴定方法（吴春西等，2004；王晓峰和黄惠玲，2000；张凤和陈围，2004；卢秀萍和白永富，2006；黎茵等，1998；吴兰荣等，2003）。分子生物学研究表明，品种之间的差异主要取决于遗传物质的差异，蛋白质是基因的产物，可作为品种鉴定的依据（颜启传等，1998）。聚丙烯酰胺凝胶电泳用于品种鉴别的报道较多，从常规的 PAGE、SDS-PAGE、IEF 到双向电泳。蛋白质 PAGE 方法简单，成本较低，结果稳定性好，重复性高，一经问世便在蛋白质的分离鉴定和遗传育种方面得到应用，并在许多重要作物的品种鉴定方面取得了可喜的进展（兰海燕和李立会，2002）。孙雁等（2004）利用连续型乳酸—聚丙烯酰胺凝胶电泳对豌豆蛋白质进行分离，发现豌豆贮藏蛋白质以水溶、盐溶和碱溶为主，醇溶蛋白质甚微。三种主要蛋白质在品种间存在不同程度的谱带差异，均可用于豌豆的品种鉴定，但以水溶和碱溶蛋白质的谱带差异最大，是豌豆品种鉴定的首选蛋白质。马国芳等（2004）用聚丙烯酰胺凝胶电泳对不同白菜品种种子的贮藏蛋白质进行分析，阐明白菜种子蛋白质水平的遗传差异，为白菜的育种及种质资源的利用提供依据。黎茵等（1998）利用 46 个花生栽培品种提取种子蛋白质进行 SDS-PAGE 电泳，根据花生蛋白质区带明显程度和带的有无，可将 46 个品种归纳成四大类。吴兰荣等（2003）利用种子贮藏蛋白质的 SDS-PAGE 电泳研究花生属野生种和栽培种杂交的亲本和远缘杂种 F1 的遗传性，经过田间形态性状验证，证明电泳鉴定结果有效，可以揭示亲本和 F1 之间的遗传关系（吴兰荣等，2003；张建成等，2006）。苏萍等（2002）通过对玉米蛋白质组分的 PAGE 图谱比较分析，发现玉米水溶蛋白质、盐溶蛋白质、乙酸溶蛋白质以及胚蛋白均可用于玉米品种及纯度的鉴定。

2.3.2 蛋白质组学在种子品质鉴定中的应用

种子在贮藏过程中发生劣变，种子的萌发及成苗过程也受环境影响，故种子活力必然涉及到种子的耐逆境能力。高活力种子具有对不良环境胁迫适应的能力，它本身能正常萌发；低活力种子则对逆境的适应能力低，发现胁迫蛋白质存在和合成能力的水平有可能受种子活力的影响。

应用蛋白质电泳技术对种子纯度鉴定，保证了种子的质量（段维等，2001；方玉春等，2001；李群，2001；马晓莉等，2001）。段维等（2001）应用聚丙烯酰胺凝胶电泳对向日葵种子纯度进行鉴定，结果表明，SDS-PAGE 技术，可作为品种纯度检测的一种新手段，且结果可靠，准确。

郭月霞等（2003）认为通过远缘杂交、染色体工程和小麦种子贮藏蛋白质凝胶电泳相结合的方法，有目的地将小麦近缘植物中稀有的具有醇溶蛋白质和 HMW-GS 的染色体或染色体片段导入小麦，有望改善小麦品质育种的种质资源，对改良小麦品种的加工品质具有重要的理论和实践意义。陈继承等（2005）通过将分辨率高的聚丙烯酰胺凝胶电泳、银染技术与琼脂糖凝胶电泳、EB 染色比较，发现聚丙烯酰胺凝胶电泳有利于提高定性 PCR 筛选方法的准确性，这将有助于增强对转基因大豆成分的定性和定量检测的水准，加强转基因大豆品质的保证。

影响作物品质和产量的因素很多。在影响水稻产量的因素中，太阳能经水稻叶片转化成生物能是非常重要的。Zhao 等（2005）分析水稻叶片从生长到成熟的 6 个不同阶段的蛋白质谱，发现高、中丰度蛋白质在生长过程中表达缓慢衰减，鉴定的 49 个表达显著差异的蛋白质中，抗氧化酶在成熟早期表达下降，有利于将太阳能转化成生物能，从而提高水稻的产量。

栽培方法可以改善种子的质量特征。Bennett 等（2004）用荧光 2-DE 揭示早期栽培不影响主要种子储藏蛋白的相对积累，其蛋白质成分与传统栽培的大豆相同，但是早期栽培体系却提高大豆的质量。Natarajan 等（2006）分析野生型和栽培型大豆种了的蛋白谱发现分布模式相似。增加大豆蛋白质中含硫氨基酸的浓度，可以显著改善大豆蛋白质的品质。Krishnan 等（2005）分析大豆种子的结果表明氮有利于球蛋白质的积累，但减少了富含半胱氨酸的蛋白质酶抑制剂（BBI）的积累。随着总蛋白质含量的增加，BBI 的积累剧烈下降。可见氮肥虽然能提高总蛋白质的含量，但降低了大豆的品质，用 2-DE 能方便地找到与品质下降相关的蛋白质。

栽培条件、地理条件、环境因素能引起同一种作物的蛋白质表达差异，而同一种蛋白质也可能有复杂的异质性等。用 2-DE 可以比较同一品种的作物来源和产地，并有效检验品种组成及是否掺假（冯德芹和郭尧君，2006）。

2.3.3 蛋白质组学在农作物逆境生理研究方面的应用

随着分子生物学、细胞生物学、分子遗传学的发展和相关研究技术的建立，植物抗逆性研究已逐步向细胞和分子水平发展。有关植物逆境蛋白的研究，已取得了一些进展。研究表明，逆境下诱导产生的蛋白质能使植物生化性质和结构发生变化以适应所在的环境，并可能是植物抗逆性的一个共同机制。李妮亚等（1997）对水稻的抗旱性利用单、双向电泳技术进行研究，探索了蛋白质组分变化情况，为逆境蛋白研究提供参考。郭蔚岚等（2002）对日本桃叶珊瑚在低温下的蛋白质进行研究，通过双向电泳分离出与抗寒有关的特异蛋白质，有效的用于城市绿化，以及引种驯化优良常绿植物及其抗寒性研究。魏令波等（1999）对沙冬青叶抗冻蛋白质特性也进行了一系列的研究。刘军等（2000）对玉米种子、宋松泉等（2001）对甜菜种子，黄上志等（1999）对花生的热激蛋白进行了研究。王振英等（2001）以水稻盐胁迫下蛋白质组分的变化进行了研究，水稻经盐胁迫后诱导出一些特异的蛋白质，并伴随着多种蛋白质组分消失和含量减少现象，认为其中的66kDa，26kDa两种蛋白质组分可能与耐盐性有关，探讨了植物耐盐的生化机理。另外与植物生长相关的一些特异蛋白质也在实践中得到广泛应用（董长江等，1997；高述民等，2001；林鸣和曹宗巽，1996；饶桂荣等，2000；汤健等，1997；薛妙男和杨继华，2000；杨继华等，2002；张斌和唐锡华，1992）。

2.3.4 蛋白质组学在农作物病害研究中的应用

植物增强抗性的蛋白质—病程相关蛋白质（PRP），是植物在病理或病理相关的环境下如病原物的侵染或某些物理化学因子刺激胁迫下产生的一类诱导蛋白质，而PRP可攻击病菌。曾富华等（2002）对水稻病程相关蛋白进行了研究，在使用诱导物后，产生了一系列相关的蛋白质，反映其不同的病理过程。对植物其他的抗病性应用双向电泳也进行了研究（陈荣智等，2002）。

蛋白质组学技术最明显的一个优点是基础研究和实际应用可以同期进行。国内近几年用2-DE技术相继开展了水稻（易克等，2004）、小麦（范宝莉等，2004）、大麦（王锡锋和周广和，2003）、棉花（刘康等，2005）、大豆（郑蕊和喻德跃，2005）、向日葵（董贵俊等，2004）、龙眼（梁文裕等，2005）、荔枝（肖华山等，2002）、黄瓜（曾义安等，2005）、番茄（张恩平等，2005）和某些作物病害（李跃建等，2005）等的研究工作，取得可喜的成绩。

2.4 林木蛋白质组学研究展望

综上所述，林木蛋白质组学从研究范围来看，只局限于少数几个树种，还未全面展开；从研究内容来看，覆盖面较广，但不够深入；从研究所采用的技术手段来看，主要是双向凝胶电泳（2-DE）、质谱（MS）以及氨基酸测序技术等。而2-DE技术存在重复性差，灵敏度低等缺点。近年来发展起来的高通量、高灵敏的分析鉴定技术如ICAT（Gygi *et al.*，2000）、MudPIT（Islam *et al.*，2003）、2D-DIGE（Marouga *et al.*，2005）等将极大促进林木蛋白质组学的发展。

林木自身由于生长周期长，基因组较大、遗传复杂等特点而严重阻碍了对其生理、生化及分子生物学的研究。同其他木本植物相比，杨树由于基因组相对较小（450～550Mbp）、遗传转化比较容易等特点已被广泛接受作为林木研究的模式树种。特别是其基因组草图的完成将为林木蛋白质组学研究提供重要信息。深入开展对模式树种的研究有利于阐明林木生长过程中特有的生命现象如休眠、适应性、木材形成等重要性状的分子机制，也为进一步开展其他木本植物的研究奠定了基础。同时，大量EST序列信息及基因表达信息等必将大大推动林木蛋白质组学的研究。值得一提的是，生物体内的蛋白质不是孤立存在，而是相互作用的。因此，应用酵母双杂交技术（Field and Song，1989）、蛋白质芯片（Macbeath，2002）来研究蛋白质间相互作用才能使我们真正理解基因的功能。

3 立题依据、研究目的及意义

银杏（*Ginkgo biloba* L.），是现存裸子植物中与恐龙同时代的最古老的孑遗植物，被公认为“活化石”，是中国特有的珍贵树种，在中国被当作“宝树”。银杏全身是宝，集食用、药用、材用、保健、观赏于一体，是一个重要的多用途特种经济生态型树种（郭娟等，2001）。过去，人类对银杏的利用，只限于种核和木材方面。如今，银杏的叶片、花粉和外种皮也成为重要的医药、卫生和保健品的原料。同时银杏的生态防护和园林观赏价值也日益受到人们的重视。随着银杏综合价值的进一步开发利用，银杏生产成为发展效益林业，改善生态环境，促进农业增效、农民增收及创取外汇的重要途径，在国民经济中发挥着愈来愈重要的作用（曹福亮著，2002）。

氮素是树木需求量最大的矿质营养元素，树木主要通过根系吸收土壤中的无机铵离子和硝酸盐而获取氮素。树木根系吸收的氮素在树木体内的内部转移和再利用对于提高氮素的养分利用率具有决定性的影响。树木营养器官中的季节性氮素贮藏是树木氮代谢的显著特征。银杏由于具有广阔的研究前景，日益受到世人的关注。其栽培面积迅速扩大，有关其丰产栽培技术措施也进行了大量的研究。施肥已成为提高银杏产量的关键技术措施之一。尽管对银杏的需肥规律、养分动变化等方面已进行了一系列研究，但有关银杏树体贮藏营养及养分内循环的研究却涉及很少，有关银杏营养贮藏蛋白质的结构与功能，营养贮藏蛋白质的形成、积累与降解机理方面的研究几乎是空白。Shim and Titus（1985）最早对银杏营养贮藏蛋白质做了研究，确定分子量40kDa和45kDa两种蛋白质为银杏营养贮藏蛋白质组分，但未对其进行定位，有待于进一步研究。目前，已有研究者对银杏营养贮藏蛋白质进行了细胞学观察和一些生化性质的测定（曹福亮著，2002；彭方仁等，2001，2004，2006；Peng *et al.*，2004；郭娟等，2002；王改萍等，2006），但均未对银杏营养贮藏蛋白质进行定位。

本研究以银杏不同生长时期韧皮部薄壁组织超微结构的解剖学研究为突破口，应用酶标免疫光镜细胞化学定位技术和胶体金免疫电镜细胞化学定位技术，结合组织化学和生物化学分析，对银杏营养贮藏蛋白质进行准确定位；阐明银杏营养贮藏蛋白质季节性动态变化规律；确定营养贮藏蛋白质组分；掌握营养贮藏蛋白质与银杏生长发育的相关性；探索营养贮藏蛋白质积累、转移和再利用的环境及生理要求；揭示银杏营养贮藏蛋白质的形成、积累和降解机理。这对于提高银杏氮素养分利用率，指导适时合理施肥以及今后采用转基因技术培育高氮素利用率的优良品种等方面均具有重大理论价值和实践意义。

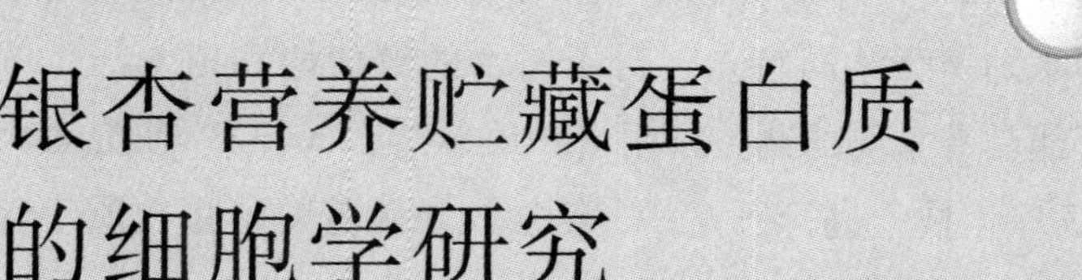

第二章 银杏营养贮藏蛋白质的细胞学研究

1 引言

营养贮藏蛋白质的细胞学研究是深入研究树木营养贮藏蛋白质的基础。最早的工作有吴继林和郝秉中（1986）在巴西橡胶树（*Hevea brasilieilsis*）茎次生韧皮部中发现贮藏蛋白质细胞和 Greenwood 等（1986）在温带树木西洋接骨木（*Sambucus nigra*）的树皮组织中发现类似种子蛋白质体的结构。采用光学显微镜技术和蛋白质专一性组织化学染色方法观察落叶期树木的茎树皮组织，已被证明是检测 VSPS 在树木中分布的一种有效的研究手段（Sauter and Wellenkamp，1988；田维敏等，1999，2000）。研究结果表明，VSPS 广泛分布于不同类群的树木中（Wetzel *et al.*，1989，1991；Wu and Hao，1991；Hao and Wu，1993）。这些蛋白质积累在韧皮薄壁细胞和韧皮射线细胞的液泡里，VSPs 的形态多样（田维敏等，2001，2003；彭方仁等，2004），在细胞质内合成，由内质网和高尔基本体小泡参与贮藏蛋白质的合成和积累（郭娟等，2002）。营养贮藏蛋白质在整个越冬期间一直保持高含量水平，直到翌年春季萌发时，贮藏蛋白质迅速转移再利用，随着新梢的生长，又重新开始积累贮藏蛋白质（谭海燕等，2000；郭娟等，2002；彭方仁等，2006；吴青霞等，2006）。新梢较早积累营养贮藏蛋白质是热带树木和温带树木的一个共同特点，对于树木的氮代谢和树木当生的生发育可能具有重要的调控作用（田维敏等，2003）。研究者大多以2~3年生枝条进行研究，当年生枝条营养贮藏蛋白质年动态变化的研究鲜有报道。

本文以银杏当年生枝条和根为试验材料，应用光学显微镜和电子显微镜，对银杏当年生枝条和根中营养贮藏蛋白质分布和年动态变化的进行研究，以期揭示银杏营养贮藏蛋白质的形成和积累规律，为银杏营养贮藏蛋白质的分离鉴定提供理论依据。

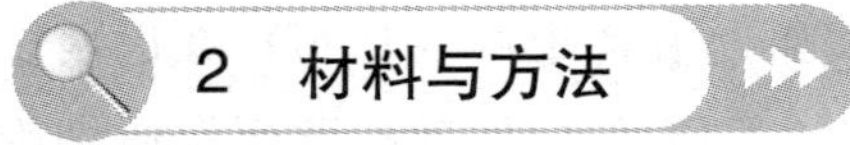

2 材料与方法

2.1 研究材料

选取南京林业大学树木园内成年健康的银杏，采集健壮枝上的当年生枝条和根系为试验材料。

2.2 采样方法

选取健康银杏植株，在春季萌芽阶段每隔7d采样一次，新梢抽出后每隔10d采样一次，待新梢木质化后，每月采样一次，到落叶期直到落叶为止每隔7d取样1次，冬季到萌芽之前，每月采样一次。采样部位包括：当年生枝条和侧根。

2.3 光镜样品的制作

采集当年生枝条末端小枝，切成0.5~1cm的小块。标本用

FAA（50%乙醇）室温固定24h或含6%戊二醛的0.1mol/L磷酸盐缓冲液（pH值为7.2）4℃下固定24h，乙醇/正丁醇系列脱水，石蜡包埋，切片厚度20μm。切片经汞-溴酚蓝染色2h后，用正丁醇显色和脱水。乙醇过渡至二甲苯，用中性树胶封片，AO研究显微镜观察和照相。

2.4　电镜样品的制作

从银杏枝条上取0.2～0.5cm³的小块后，立即投入到0.1mol/L磷酸缓冲液（PBS）pH值为7.2配制的0.5%戊二醛和4%多聚甲醛中，4℃固定24h，经0.05mol/L PBS冲洗后，投入1%锇酸室温下固定6～8h。缓冲液冲洗后，梯度酒精脱水，环氧丙烷过渡，Epon812包埋，LKB-V型超薄切片机切片，切片用醋酸铀和柠檬酸铅染色，日立H-600型透射电镜观察拍照。

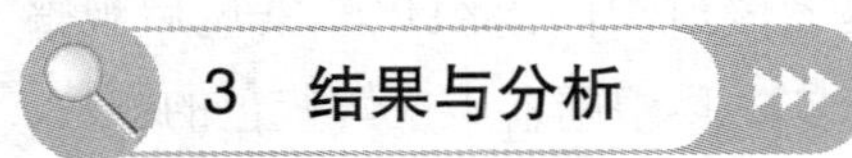

3　结果与分析

3.1　银杏的年生长周期

银杏一年中的生长发育具有一定的规律性，与一年中的季节性气候变化相吻合，这称为生物气候学时期，简称物候期。银杏每年随季节性气候条件的变异有规律地经历树液流动、萌芽、抽梢、开花结实、花芽分化、落叶、休眠等生命活动，呈现出形态及生理机能上有节律的变化。银杏的物候期可分为芽鳞绽开期、萌芽期、展叶期、开花期、新梢生长期、种熟期和落叶期等几个时期。

3.1.1　根系生长特性

银杏根系从3月中旬开始生长，到12月初停止。在整个生长期中，出现两次生长高峰期，第一次在 5 月中旬至 7 月中旬，第 2 次在 10 月下旬至 11 月中旬。

3.1.2 枝、叶生长特性

银杏的树液于 3 月中旬开始流动，3 月下旬芽萌动膨大，4 月上旬发芽、展叶，4 月中旬叶全展，新梢开始抽生，5 月中旬为新梢旺盛生长期，6 月下旬新梢逐渐停止生长，同时花芽开始分化。10 月下旬叶发黄，11 月下旬开始落叶。银杏在不同年份的落叶期有一定的变化，但枝、叶生长经历的时间基本上是一致的。

3.2 银杏显微结构分析

3.2.1 银杏营养贮藏蛋白质的分布规律

采用光学显微镜技术检查营养贮藏蛋白质在银杏树木中的分布。通过对银杏枝条和根系贮藏组织的组织化学染色后观察发现，贮藏蛋白质细胞中有许多被汞-溴酚蓝染成鲜蓝色的颗粒，它们就是营养贮藏蛋白质。

银杏营养贮藏蛋白质主要分布在枝条的皮层、木质部和根中，当年生枝条皮层的含量高于木质部和同时期根中的含量。有报道称大叶桃花心木、巴西橡胶树等其他树木的营养贮藏蛋白质主要分布在次生维管组织，尤其是次生韧皮部的结论一致，这可能是树木营养贮藏蛋白质分布的一般特点。

3.2.1.1 银杏枝条中营养贮藏蛋白质的分布规律

光学显微镜下，银杏枝条中被染成鲜蓝色的营养贮藏蛋白质在木质部细胞和韧皮部细胞中均有分布，韧皮部中的含量明显高于木质部中的含量（图 2－1－1、图 2－1－12 和图 2－2－1）。韧皮部中营养贮藏蛋白质主要分布在次生韧皮部薄壁细胞和韧皮射线薄壁细胞中，远离形成层的外层韧皮部的韧皮薄壁细胞和韧皮射线细胞中分布的营养贮藏蛋白质较多，染色深（图2－1－4、图2－1－5、图2－1－6和图2－1－9）。靠近形成层的内层韧皮部细胞的这些细胞分布的营养贮藏蛋白质较少。木质部中的营养贮藏蛋白质主要分布在木射线细胞中（图2－1－11、图2－1－12和图2－2－1）。

3.2.1.2 银杏根系中营养贮藏蛋白质的分布规律

银杏根系中营养贮藏蛋白质的分布与枝条中的分布不完全一致。营养贮藏蛋白质积累在次生韧皮薄壁细胞和次生木质部的木射线细胞中，韧皮薄壁细胞中的含量高于次生木质部中的含量（图2－3－1、图2－3－2和图2－3－3）。在初生木质部和次生木质部之间的细胞中也有数量丰富的营养贮藏蛋白质分布（图2－3－4、图2－3－5、图2－3－6、图2－4－1、图2－4－2和图2－4－3）。

3.2.2 银杏营养贮藏蛋白质细胞的动态变化规律

枝条和根系中的营养贮藏蛋白质存在明显的季节变化，枝条中可以分为积累期（5月至11月下旬）和降解期（2月下旬至4月初）两个阶段，根系中可以分为积累期（5月至12月）和降解期（1月至4月）两个阶段。不同时期营养贮藏蛋白质在细胞中形态不一，染色深浅也不一致。

3.2.2.1 银杏当年生枝条中营养贮藏蛋白质细胞的季节变化

营养贮藏蛋白质在新梢中的积累是一个从无到有的过程。因此，树木的新梢是研究营养贮藏蛋白质积累的理想部位。但是，由于传统地认为树木的新梢不是贮藏器官（Oland，1959），以往有关树木营养贮藏蛋白质的研究从未用新梢做研究材料，本试验中，以当年生枝条为研究材料，其中当年生枝条木质化之前即称为新梢。

5 月份，随着新生叶的形成，银杏外层韧皮薄壁细胞首先开始积累营养贮藏蛋白质（图 2－1－1），有些液泡中还没有开始积累，有些细胞中一些絮状蛋白质沿液泡膜边缘分布（图 2－1－2）。6 月份靠近石细胞的外层次生韧皮薄壁细胞中积累的营养贮藏蛋白质越来越丰富，蛋白质不断聚集，蛋白质体积逐渐变大，染色加深，在靠近形成层的内层韧皮薄壁细胞中也开始有一定量的积累，木质部中木射线细胞中也开始积累蛋白质，但积累量很少（图 2－1－3）。7 月份以后银杏当年生枝条韧皮薄壁细胞大量积累蛋白质，外层韧皮薄壁细胞的液泡中出现颗粒状蛋白质，颗粒不断加大，粘连在一起，并且向液泡中央移动，最终填满整个液泡，内层韧皮薄壁细胞中积累蛋白质越来越多，并不断填满液泡。与外层韧皮薄壁细胞相比，内层韧皮薄壁细胞比较小，其内积累的蛋白质数量也远比外层韧皮薄壁细胞中积累的蛋白质数量少，染色浅（图 2－1－4、图 2－1－5、图 2－1－6、图 2－1－7、图 2－1－8 和图 2－1－9）。韧皮射线细胞中积累的蛋白质更多，因而细胞染色更深。在皮层细胞也开始有蛋白质积累。至 12 月枝条韧皮薄壁细胞中积累的营养贮藏蛋白质含量达到最大（图 2－1－10）。12 月份至翌年 2 月份期间，营养贮藏蛋白质没有多少变化。光学显微镜下，鲜蓝色的营养贮藏蛋白质呈现出不同的形态。他们主要分布在枝条的皮层组织，尤其是次生韧皮部中。银杏营养贮藏蛋白质在枝条的次生韧皮薄壁细胞、韧皮射线细胞中、木射线细胞和靠近石细胞紧挨皮层的细胞中均有分布（图 2－1－11 和图 2－1－12）。营养贮藏蛋白质在树皮组织中的特异性分布很可能是营养贮藏蛋白质在树木体内分布的一般特点，明显不同于树木体内另一种主要贮藏物质—淀粉的随机分布。营养贮藏蛋白质有多种形态（图 2－1－13 和图 2－1－14），不同时期它们存在于不同细胞中。

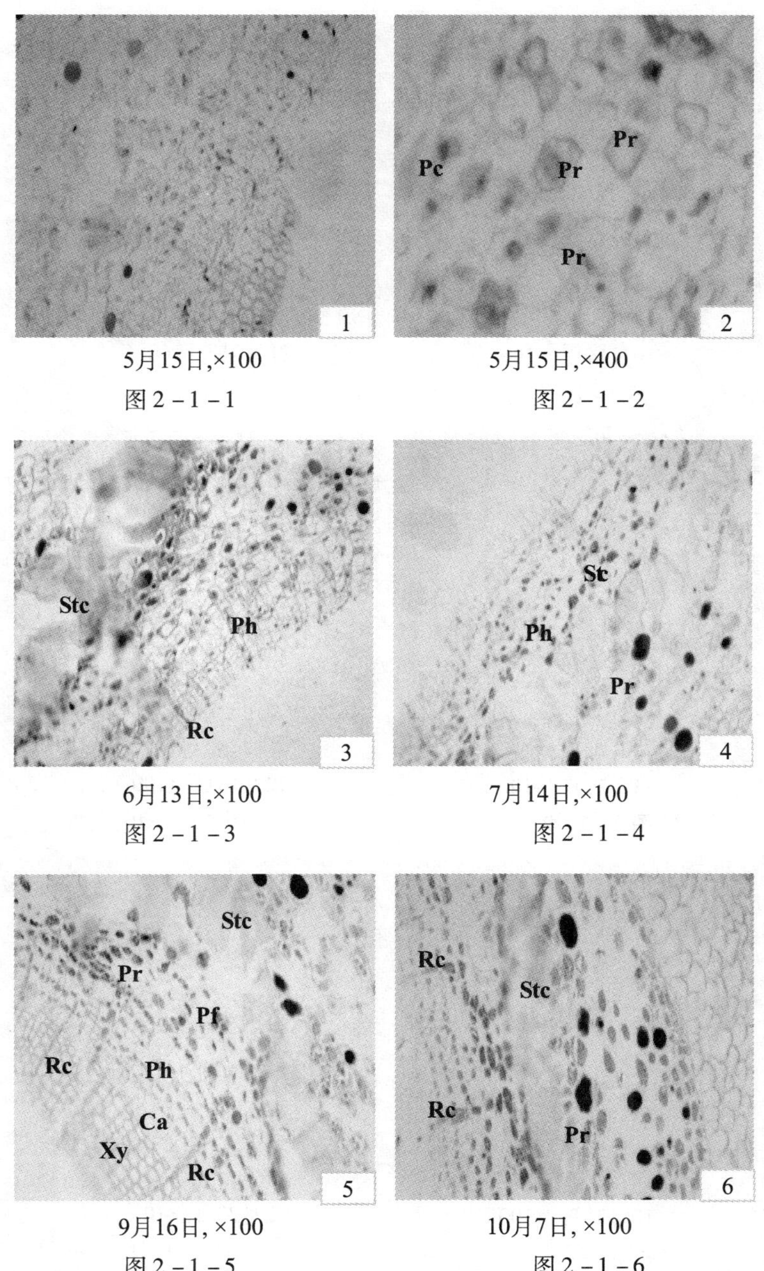

5月15日,×100
图2－1－1

5月15日,×400
图2－1－2

6月13日,×100
图2－1－3

7月14日,×100
图2－1－4

9月16日, ×100
图2－1－5

10月7日, ×100
图2－1－6

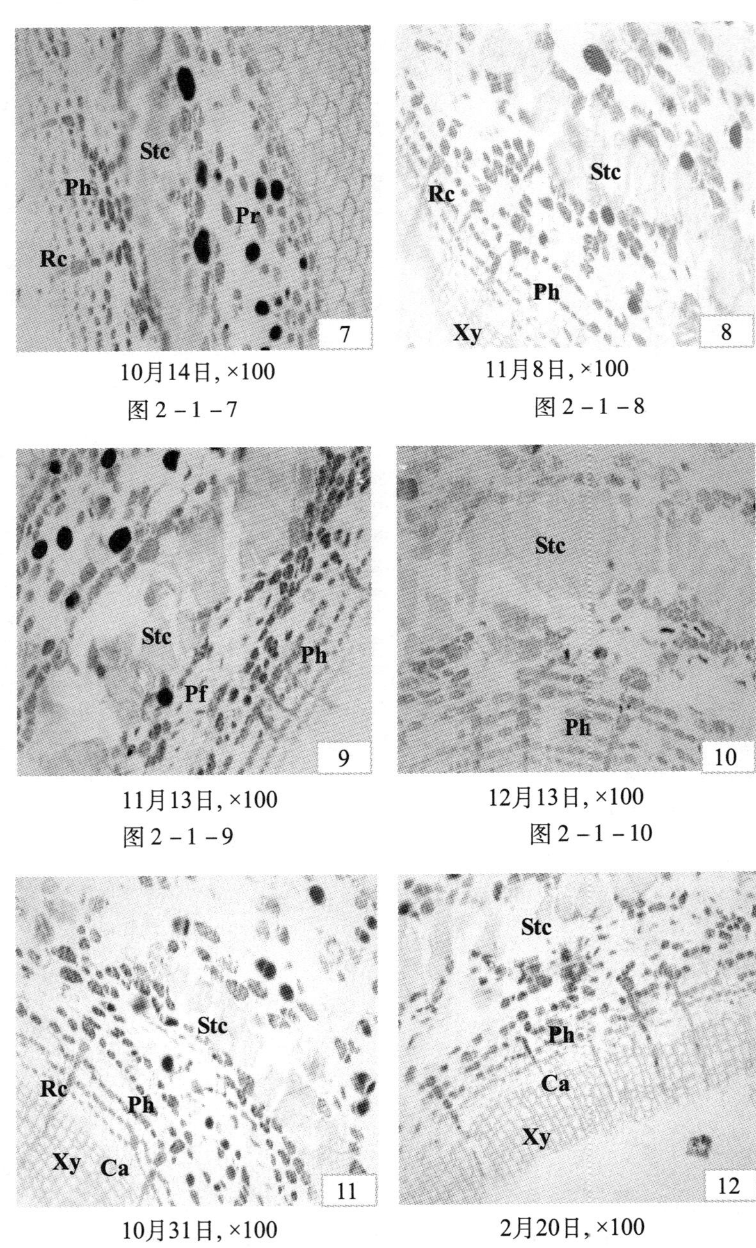

10月14日, ×100

图2－1－7

11月8日, ×100

图2－1－8

11月13日, ×100

图2－1－9

12月13日, ×100

图2－1－10

10月31日, ×100

图2－1－11

2月20日, ×100

图2－1－12

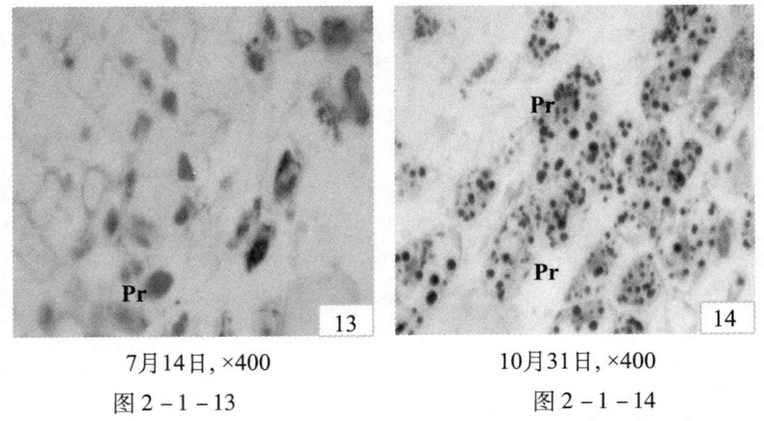

7月14日, ×400　　10月31日, ×400

图2-1-13　　图2-1-14

图2-1　银杏当年生枝条营养贮藏蛋白质的显微结构观察

Figure 2-1　The microstructure observation on vegetative storage proteins in branches of *Ginkgo biloba* L.

图版说明：Ca. 形成层；Pc. 薄壁细胞；Pf. 韧皮纤维；Ph. 韧皮部；Pr. 蛋白质；Rc. 射线细胞。

3 月份到 4 月份中旬，随着春季银杏芽的萌发和新生叶展开，贮藏蛋白质逐渐减少，这一时期是被称为银杏营养贮藏蛋白质的降解期。从 3 月 11 日到 4 月 2 日的图片能看出，存在于远离形成层和靠近形成层的次生韧皮薄壁细胞中的营养贮藏蛋白质发生显著变化，随芽的萌发，不断降解。3 月 11 日次生韧皮薄壁细胞排列整齐，银杏营养贮藏蛋白质充满整个液泡，经汞-溴酚蓝染色较深（图2-2-1、图2-2-3 和图2-2-5）。到3 月 18 日颗粒状蛋白质不断变小，不再充满整个液泡，液泡中出现空隙，蛋白质染色逐渐变浅（图2-2-2、图2-2-4 和图2-2-6），到4 月 14 日，从银杏茎横切面观察，远离形成层的韧皮薄壁细胞内贮藏蛋白质几乎完全消失（图2-2-7），液泡中很少有营养贮藏蛋白质分布，只有很少量分散在靠近韧皮纤维细胞的液泡边缘（图2-2-8），说明此时贮藏蛋白质已全部降解或量非常少，树体进入营养生长快速期。

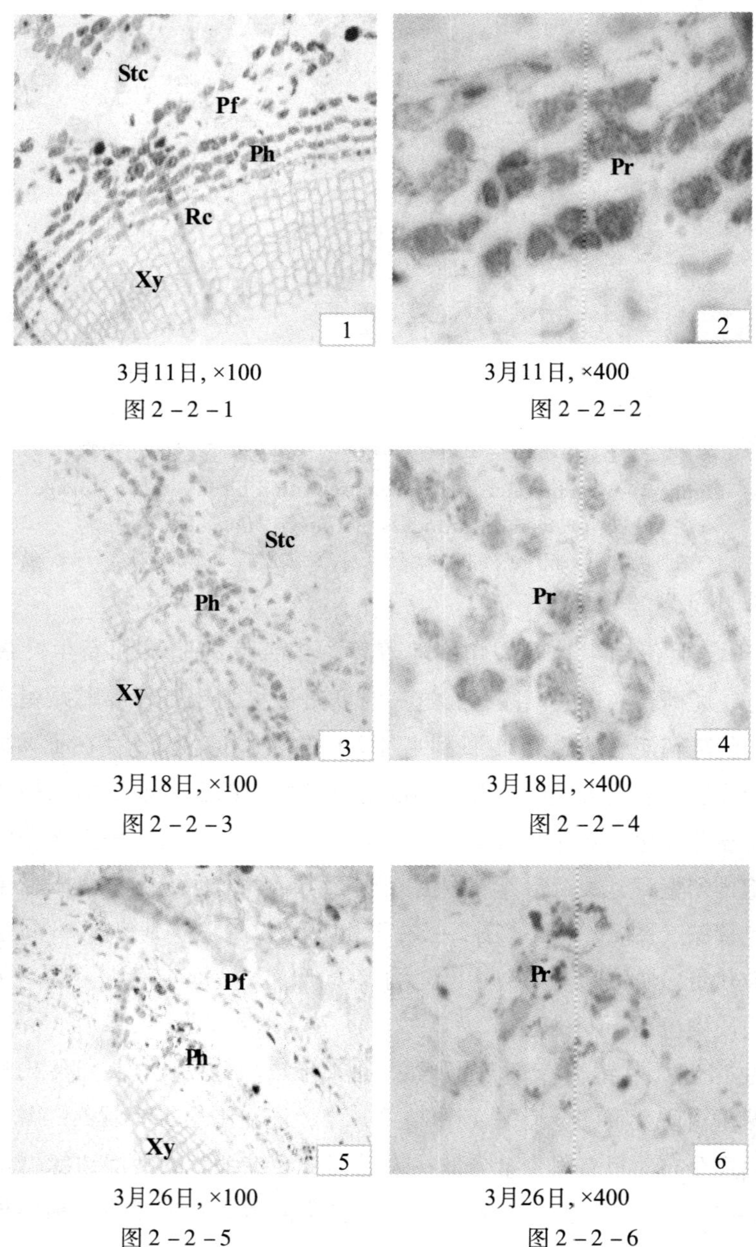

3月11日, ×100
图 2-2-1

3月11日, ×400
图 2-2-2

3月18日, ×100
图 2-2-3

3月18日, ×400
图 2-2-4

3月26日, ×100
图 2-2-5

3月26日, ×400
图 2-2-6

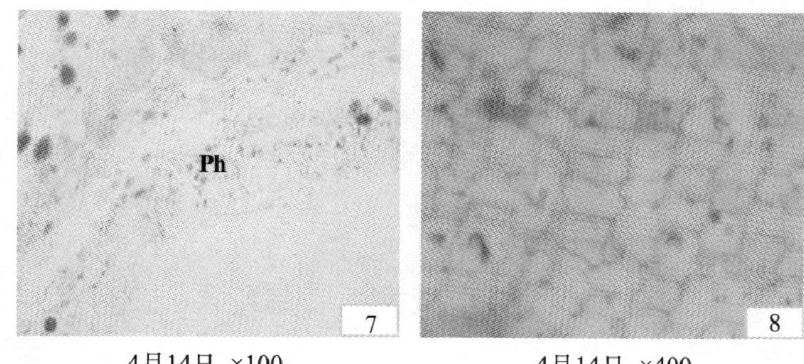

4月14日，×100
图2－2－7

4月14日，×400
图2－2－8

图2－2　银杏当年生枝条营养贮藏蛋白质的显微结构观察

Figure 2－2　The microstructure observation on vegetative storage proteins in branches of *Ginkgo biloba* L.

图版说明：见图2－1。

3.2.2.2　银杏根系营养贮藏蛋白质细胞的季节变化

从光镜中观察到，银杏根系的营养贮藏蛋白质也发生着明显的季节变化，可以分为大量积累期（7～12月）和降解期（1～4月）两个阶段。

从图2－3中可以看出，7月份根系开始迅速积累营养贮藏蛋白质，次生韧皮薄壁细胞和木射线中均有分布（图2－3－1）。随着根系的生长，营养贮藏蛋白质不断积累，蛋白质颗粒不断增大，颜色逐渐加深，大颗粒状的蛋白质主要分布在次生韧皮薄壁细胞中（图2－3－2、图2－3－3和图2－3－4），次生木质部的木射线中也积累很丰富的蛋白质，以小的团块状为主（图2－3－4、图2－3－5和图2－3－6），在整个积累过程中发现在次生木质部与初生木质部之间的细胞中也积累有大量营养贮藏蛋白质（图2－3－5和图2－3－6），各种细胞器中这些蛋白的含量在12月份达到最高（图2－3－6）。

从图2－3中可以看出积累期营养贮藏蛋白质的形态以团块状和颗粒状为主（图2－3－9和图2－3－10）。有资料表明，根

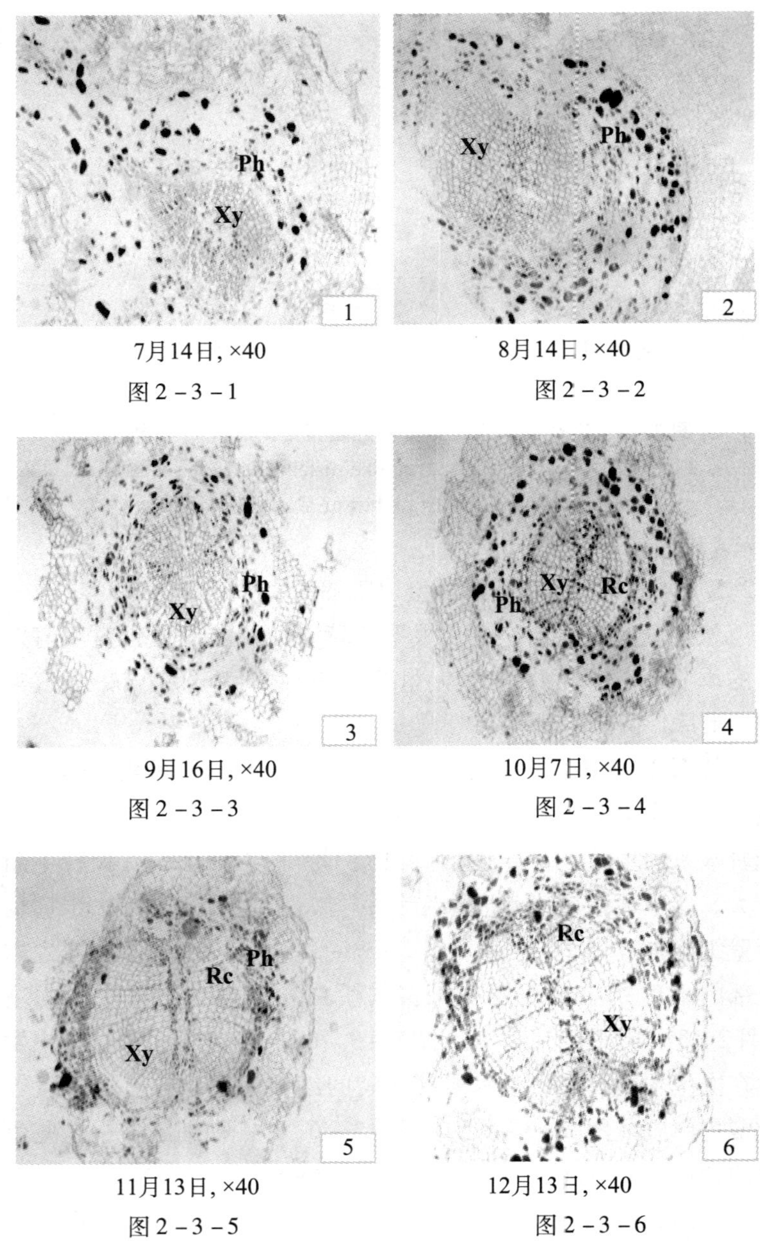

7月14日, ×40

图 2 - 3 - 1

8月14日, ×40

图 2 - 3 - 2

9月16日, ×40

图 2 - 3 - 3

10月7日, ×40

图 2 - 3 - 4

11月13日, ×40

图 2 - 3 - 5

12月13日, ×40

图 2 - 3 - 6

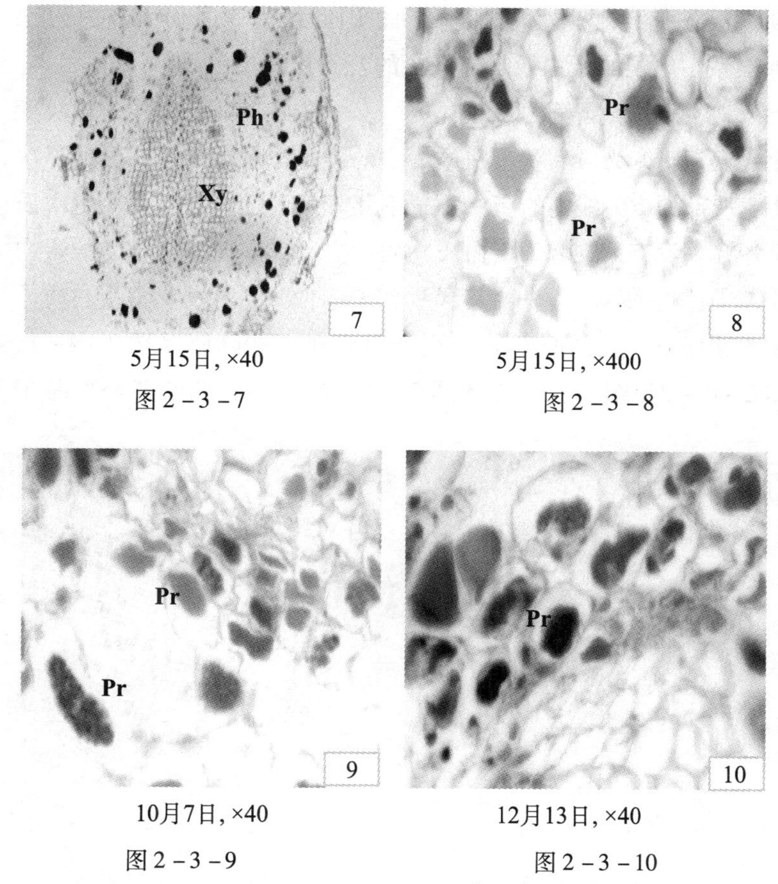

5月15日，×40
图2－3－7

5月15日，×400
图2－3－8

10月7日，×40
图2－3－9

12月13日，×40
图2－3－10

图2－3　银杏根营养贮藏蛋白质的显微结构观察

Figure 2－3　The microstructure observation on vegetative storage proteins in branches of *Ginkgo biloba* L.

图版说明：见图2－1。

中营养贮藏蛋白质的积累与根系的加粗生长是同步的，随着根系的不断加粗，根中营养贮藏蛋白质含量也在不断增多。这与根系生长的物候期一致。由于根系不是当年新形成的根，在5月份和6月份根中的少量蛋白质很难分辨是新形成的营养贮藏蛋白质还是未降解的营养蛋白质。联系到根系特殊的生长物候期，银杏一年有两次生长高峰期，因此认为5月份到6月份银杏根系中出现的蛋白质是新形成的营养贮藏蛋白质。

1月份根系营养贮藏蛋白质经汞—溴酚蓝染色变浅，颗粒变小，逐渐转变为以絮状蛋白质为主的形态。表现最为明显的是次生木质部的木射线中的蛋白质，不断降解，迅速消耗，次生木质部中几乎没有被染色的蛋白质物质。次生韧皮薄壁细胞中的蛋白质被染色越来越浅，表明其含量越来越少，同时发现其蛋白质体积不断变小，也说明营养贮藏蛋白质在不断降解（图2-4-1、图2-4-2、图2-4-3和图2-4-4）。该时期的营养贮藏蛋

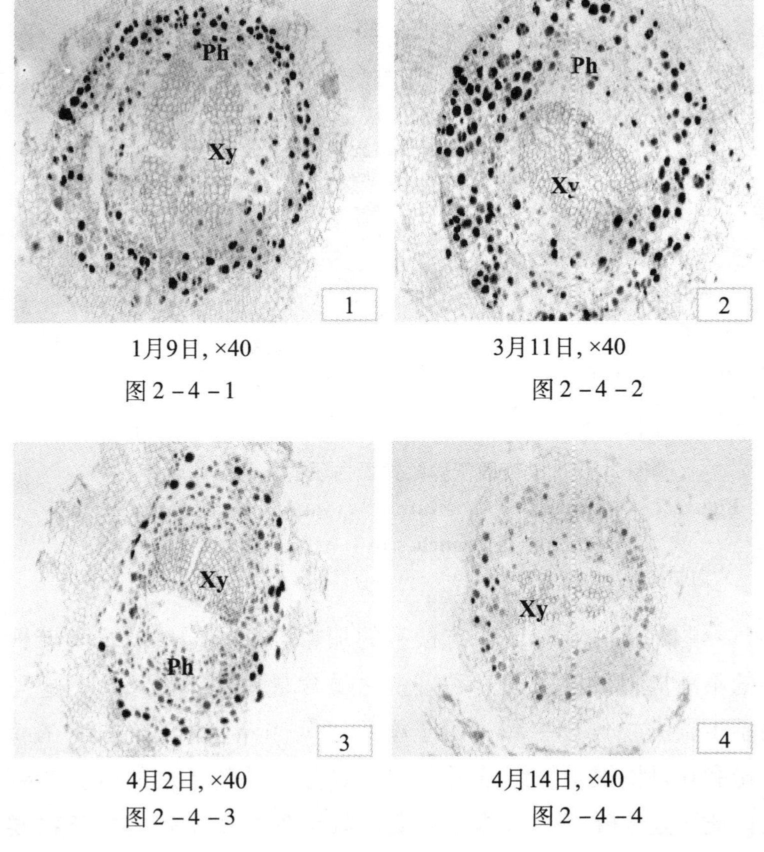

1月9日, ×40
图2-4-1

3月11日, ×40
图2-4-2

4月2日, ×40
图2-4-3

4月14日, ×40
图2-4-4

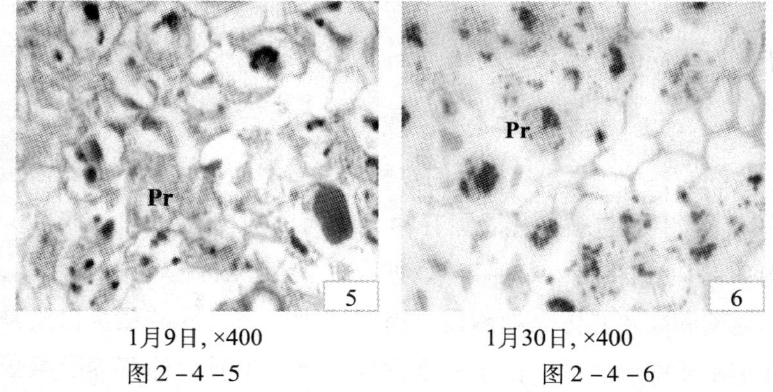

1月9日，×400　　1月30日，×400

图2－4－5　　图2－4－6

图2－4　银杏根营养贮藏蛋白质的显微结构观察

Figure 2－4　The microstructure observation on vegetative storage proteins in branches of *Ginkgo biloba* L.

图版说明：见图2－1。

白质多以絮状为主，偶尔也能观察到变小的散生的颗粒状贮藏蛋白质分散于次生韧皮薄壁细胞中（图2－4－5和图2－4－6）。

3.3　银杏超微结构分析

3.3.1　银杏营养贮藏蛋白质的超微结构特征

随着银杏生长节律性的变化，次生韧皮部薄壁细胞（包括韧皮薄壁细胞和射线薄壁细胞）以及木射线细胞、形成层细胞中均发现有营养贮藏蛋白质分布，以韧皮薄壁细胞和射线细胞中居多。总体来看，银杏营养贮藏蛋白质呈现絮状、不规则块状、颗粒状和均一细沙状四种形态。絮状蛋白质有些是随机分散于液泡中（图2－5－1），有些则沿液泡膜向内均匀分布并逐渐在中央聚集成不规则块状（图2－5－2、图2－5－3、图2－5－4和图2－5－5）。颗粒状蛋白质大都在众多大小不等的液泡中间堆积成团（图2－5－7），充满或未充满整个液泡（图2－5－6和图2－5－8）。细沙状蛋白常常是均匀分散并充满整个液泡（图 2 –6 –4），呈蛋白质体状，而且它们在不同的细胞中具有不同的电子致密度。

3.3.2 银杏营养贮藏蛋白质积累与降解机理

在营养贮藏蛋白质积累的过程中，细胞质中也分散着许多蛋白质，没有膜包被，其周围有膨大的内质网槽库（图 2 –6 –6、图 2 –7 –13 和图 2 –7 –14）。细胞质中也分散有众多的线粒体，内质网和高尔基体等细胞器，因此认为银杏营养贮藏蛋白质是在细胞质中形成的，由于质膜内陷，将细胞质中的营养贮藏蛋白质包裹进液泡中，从而在液泡中积累的过程。

最初形成的贮藏蛋白质为絮状蛋白质，聚集于液泡膜边缘，并不断向液泡中央移动，彼此靠近，融合，形成电子密度更大的块状蛋白质（图 2 –5 –1、图 2 –5 –2 和图 2 –5 –3），到了积累后期，几乎看不到均匀分散的絮状物质，贮藏蛋白质电子密度不断增大，由块状逐渐变为圆球形或颗粒状蛋白聚集在一起形成更大的团块状蛋白质（图 2 –5 –4、图 2 –5 –5、图 2 –5 –6、图 2 –5 –7 和图 2 –5 –8）。反之，降解期，蛋白质电子密度不断减小，体积逐渐变小，颗粒状或团块状蛋白质逐渐降解成絮状或细沙状，向液泡膜边缘移动（图 2 –6 –1、图 2 –6 –2、图 2 –6 –3 和图 2 –6 –4），降解完全时，各种形态的蛋白质在细胞中将观察不到（图 2 –6 –5）。

许多细胞器参与银杏营养贮藏蛋白质积累和降解过程中。中央大液泡被小液泡取代时，蛋白质开始形成并积累，周围细胞质中细胞器发生明显变化。伴随着液泡化和蛋白质的积累，细胞质中的内膜系统复杂性增加，具体表现在：细胞质膜成波浪状突起并发生质膜内陷（图 2 –5 –1、图 2 –7 –1 和图 2 –7 –13），液泡膜内突形成液泡内囊泡（图 2 –5 –1 和图 2 –7 –1），囊泡内包裹着具电子密度的纤维状物质，细致观察发现，质膜内陷形成的一些小泡正在或已经脱离质膜并伸向液泡中（图 2－7－5），小泡内包裹着与液泡蛋白质结构类似的物质，质膜的内折在整个落叶期都可看到，到了无叶期后期，这种结构数量减少；落叶期内，薄壁细胞的周围细胞质中有大量的管状或片状内质网，内质网大量的堆积，内质网槽库膨大（图 2－7－14）；高尔基体数量有所增加，且产生分泌小泡（图 2－6－6），这表明高尔基体参与营养贮藏蛋白质的合成或积累；线粒体的数量增加，脊明显，而且有时会聚集在细胞膜或液泡膜周围（图 2－5－1、图 2－5－7、图 2－6－4、图2－7－2、图 2－7－3、图 2－7－6、图

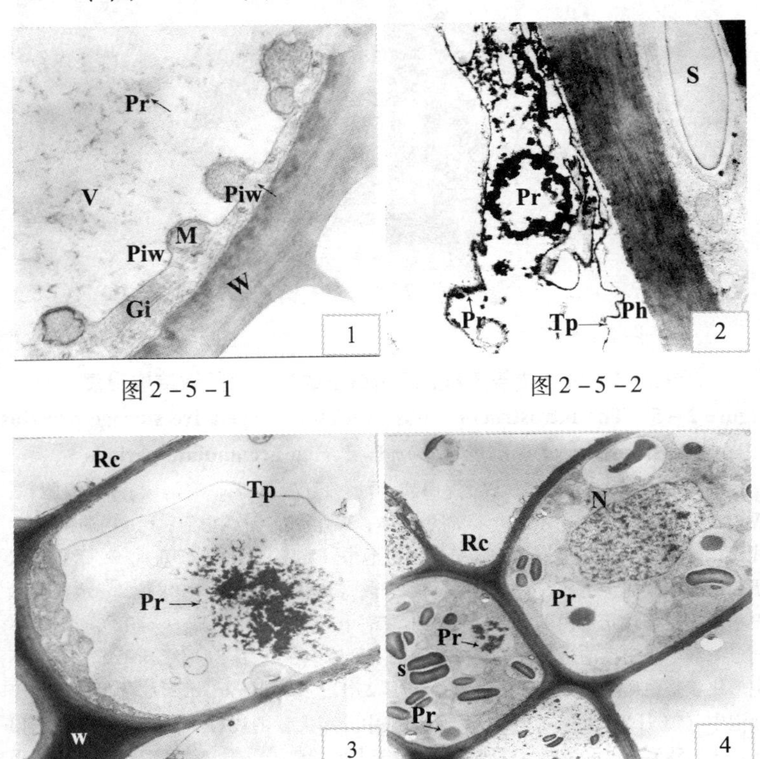

图 2－5－1　图 2－5－2

图 2－5－3　图 2－5－4

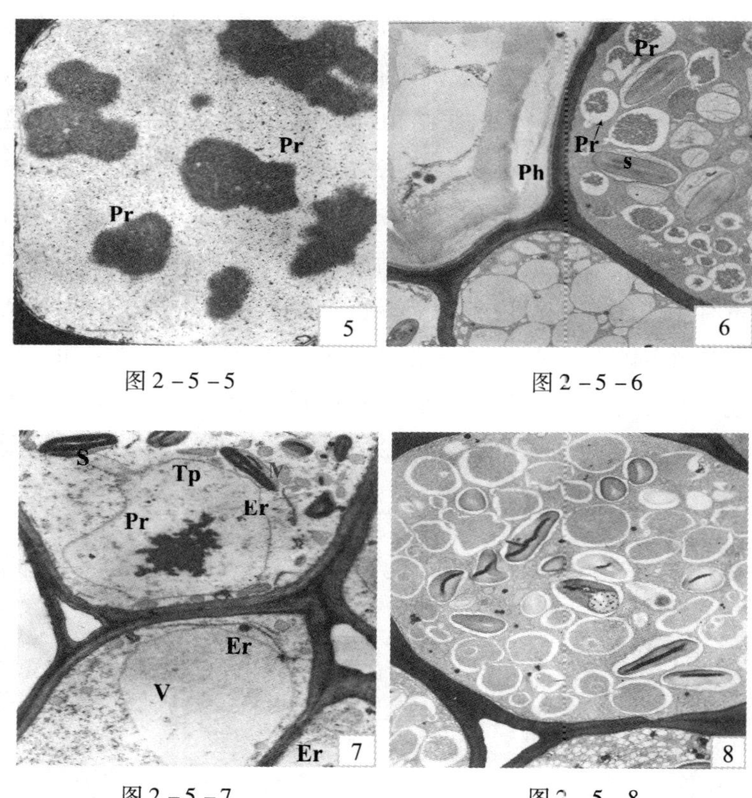

图2－5－5　　图2－5－6

图2－5－7　　图2－5－8

图2－5　银杏枝条营养贮藏蛋白质的积累期超微结构观察

Figure 2－5　The ultrastructure observation on vegetative storage proteins in branches of *Ginkgo biloba* L. during accumulate periods

图版说明：S. 淀粉粒；Pr. 蛋白质；Ph. 韧皮部；Tp. 液泡膜；N. 细胞核；W. 细胞壁；Piw. 质膜内陷；Gi. 高尔基体；V. 液泡；Va. 小泡；Er. 内质网；M. 线粒体。1. 示稀疏的絮状蛋白质分布于液泡中（5月12日，×20k）。2. 示颗粒状蛋白沿液泡膜内缘沉积，并向液泡中央分散（10月14日，×10k）。3. 示颗粒状聚集成不定形块状蛋白的过程，分布于液泡中央（10月31日，×40k）。4. 示不同形态和电子密度的蛋白位于同一细胞的不同液泡（10月31日，×3k）。5. 示不定形块状蛋白质随机分散于液泡内（10月23日，×8k）。6. 示颗粒状蛋白集结于液泡中（12月8日，×3.5k）。7. 示细胞中分布大量的线粒体，内质网（6月13日，×3.5k）。8. 示韧皮薄壁细胞中分布于大量贮藏蛋白质，是颗粒状蛋白质几乎充满整个液泡（12月13日，×3.5k）。

2-7-7、图2-7-13和图2-7-14)，表明线粒体处于活跃期，为贮藏蛋白质的合成和转运提供能量，线粒体在整个无叶期很丰富，零散或几个聚集分布在细胞质中，呈圆形或棒状、哑铃形（图2-5-7)。不同形态的银杏营养贮藏蛋白质位于不同的细胞中（图2-7-5)，或者同一细胞中分布不同的形态的营养贮藏蛋白质（图2-7-2)。

3.3.3　银杏营养贮藏蛋白质的季节变化

3.3.3.1　银杏当年生枝条中营养贮藏蛋白质的季节变化

当新生叶片形成后，韧皮薄壁细胞内出现少量贮藏物质，在落叶期树皮内层次生韧皮部薄壁细胞大量积累贮藏物质，至无叶期贮藏物质积累达到顶峰，这期间称为营养贮藏蛋白质的积累期。随着叶片的成熟和新梢的生长，枝条韧皮薄壁细胞结构发生明显变化。贮藏蛋白质形态发生有规律的变化：早期形成的絮状或不定形蛋白质，彼此靠近，融合，形成电子密度更大的块状蛋白质，到了无叶期，几乎看不到均匀分散的絮状蛋白质，更多的贮藏蛋白质由块状逐渐转变为圆球状。液泡中贮藏蛋白质形态有所不同：5月份一些蛋白质呈絮状均匀分散于液泡中（图2-5-1)；10月份细胞中蛋白质呈颗粒状附着于液泡膜内壁（图2-5-2)，颗粒状蛋白不断聚集形成不定形块状并向液泡中央移动（图2-5-3)，大量不定形块状蛋白质分布于液泡中（图2-5-6)，大的颗粒状蛋白质随机地分散在液泡中央或沿液泡膜边缘分布（图2-5-5)，12月份细胞中大量分布贮藏蛋白质，液泡中几乎不再有空隙（图2-5-8)；在同一细胞的不同液泡内也有不同形态的蛋白质：一个液泡中的蛋白质呈不定形块状（图2-5-4)，另一个液泡内呈圆球状分散于液泡中央（图2-5-4)。贮藏蛋白质在韧皮部从外开始向内（接近形成层方向）积累：远离形成层的韧皮薄壁细胞首先积累大量贮藏蛋白质，随后慢慢波及到内层细胞，而且有的形成层细胞内也出现了贮藏蛋白质。

春季，随着芽的萌动和新梢生长，各类贮藏物质被迅速消耗。营养贮藏蛋白质的降解首先发生在形成层及其附近的薄壁细胞中，再扩展到远离形成层的细胞。在芽萌动前，从银杏茎横切面观察发现，薄壁细胞中液泡内贮藏蛋白质已开始降解。聚集成圆球状的蛋白质慢慢降解成细沙状（图2－6－1），液泡内的不定形块状蛋白数量减少，中间出现了空隙（图2－6－2），不定形块状蛋白不断降解，体积逐渐变小，由液泡中央向液泡膜方向移动（图2－6－3），降解成均匀细沙状的蛋白质均匀分布于液泡内（图2－6－4），颗粒状蛋白几乎不再出现，到了4月中旬，液泡内蛋白质大量降解，未降解的蛋白质沿液泡膜分布（图2－6－5）。

在该物候期，各种细胞器均发生了变化。质膜内折数量增加（图2－6－6）。细胞内有大量线粒体，脊明显。粗而内质网随机分布。液泡开始融合，新叶完全展开后，液泡内的具电子密度的物质几乎全部消失，仅在一些液泡内有稀疏的纤维状物质，小液泡逐渐被几个大液泡取代（图2－6－6）。

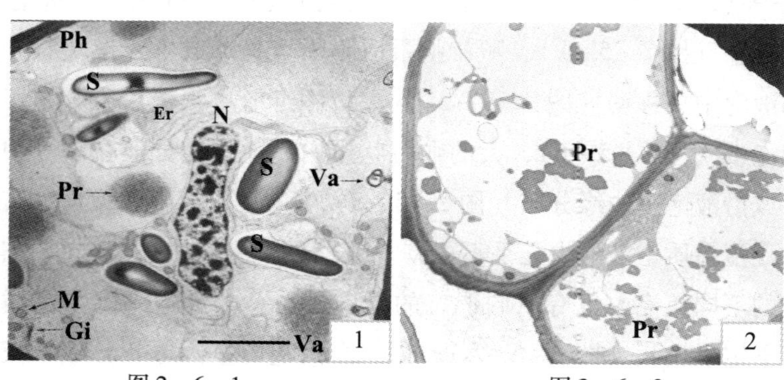

图2－6－1　　图2－6－2

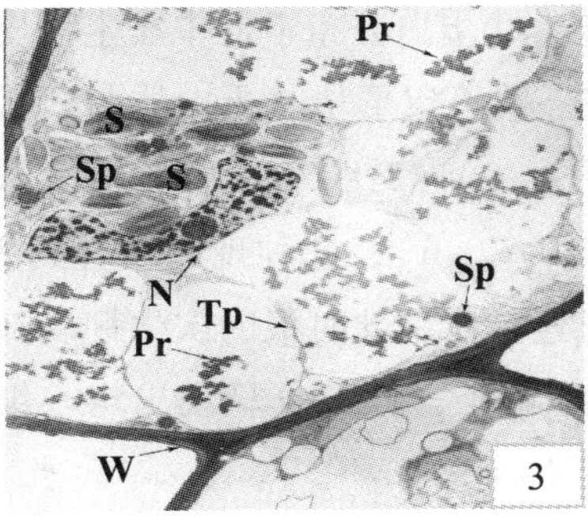

图 2-6-3

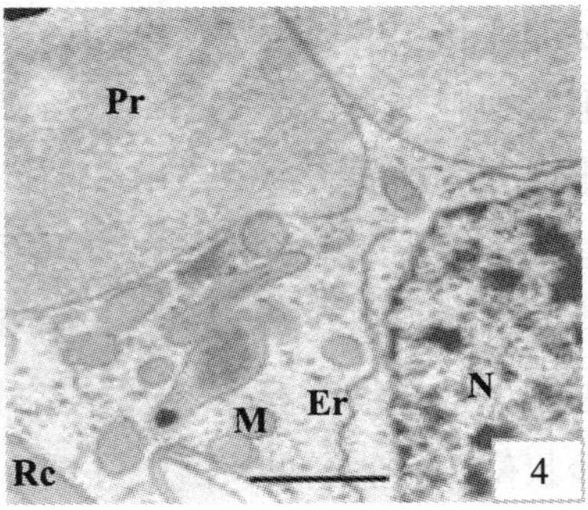

图 2-6-4

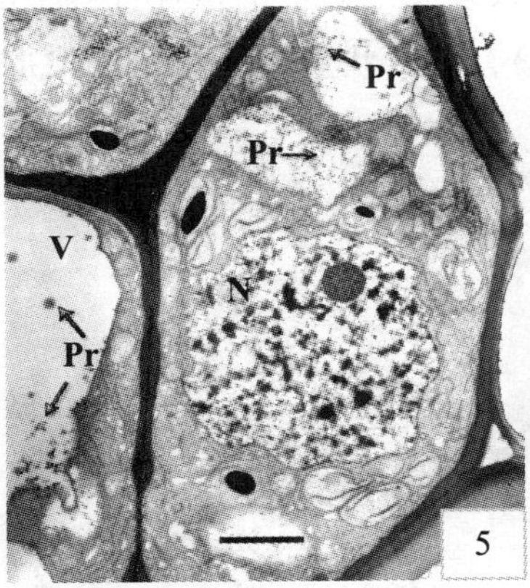

图 2-6-5

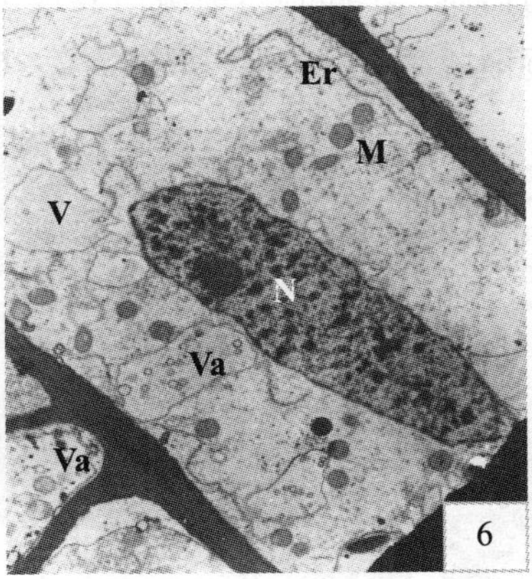

图 2-6-6

图 2-6 银杏枝条营养贮藏蛋白质的超微结构观察

Figure 2-6 The ultrastructure observation on vegetative storage proteins in branches of *Ginkgo biloba* L.

图版说明：图例同图 2-5。1. 示聚集成圆球状的蛋白慢慢降解成细沙状，线粒体、高尔基体和内质网大量出现（3 月 18 日，×5k）。2. 示不定形块状蛋白数量减少，中间出现了空隙（3 月 26 日，×2.5k）。3. 示不定形块状蛋白向液泡膜方向移动，团块变小（3 月 26 日，×2.5k）。4. 示蛋白逐渐降解成细沙成均匀分布于液泡内，有线粒体、高尔基体和内质网分布（3 月 26 日，×10k）。5. 示液泡蛋白质大量降解，未降解的蛋白沿液泡膜分布（4 月 14 日，×3.5k）。6. 示液泡中出现大量小泡，线粒体内质网大量分布（4 月 14 日，×8k）。

3.3.3.2 银杏根系营养贮藏蛋白质的季节变化

根中的营养贮藏蛋白质细胞结构和蛋白质形态也发生了明

显的变化。电镜观察，1 月份一些絮状蛋白分布于根中次生韧皮部的细胞中（图 2 –7 –1），还有一些不定形块状蛋白质与絮状蛋白分散于同一个液泡中（图 2 –7 –2），2 月 20 日液泡内分散着致密度小的颗粒状蛋白质（图 2 –7 –3），这种现象一直到 3 月底仍能观察到。4 月份，新梢已经抽出，此时根的次生韧皮部细胞中已经很少看到上述形态的蛋白了，大部分呈现出均一细沙状位于大的中央液泡中（图 2 –7 –4）。

到了 5 月份，次生韧皮薄壁细胞中已经开始积累营养贮藏蛋白质，不同时期细胞中表现出数理和形态上的多样性。小泡逐渐脱离中央液泡（图 2 –7 –6），细沙状蛋白质致密度增加，

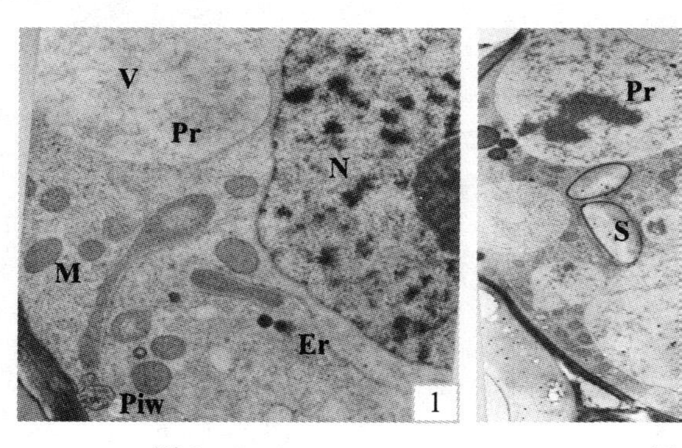

图 2 –7 –1

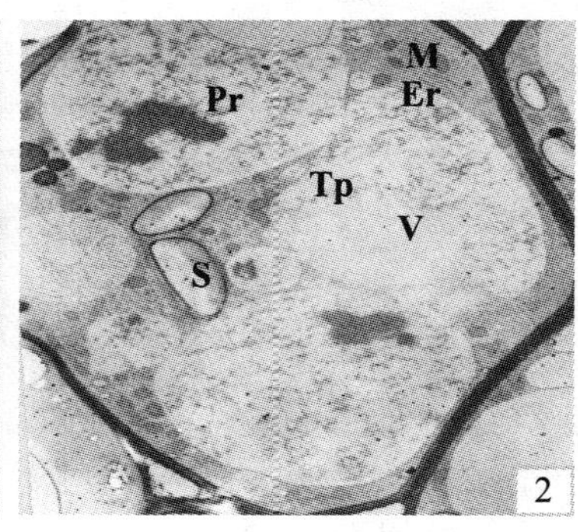

图 2 –7 –2

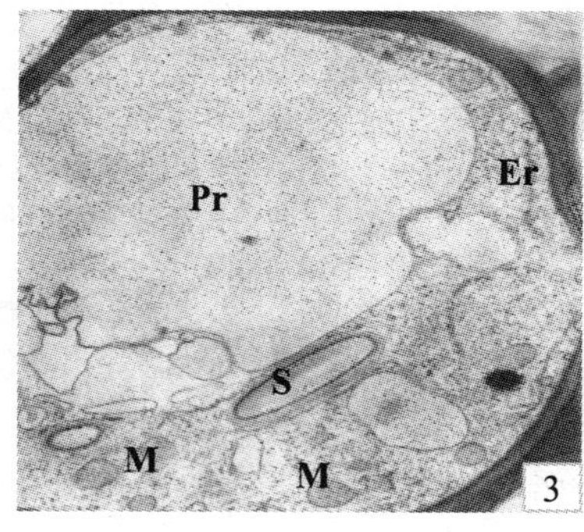

图 2 –7 –3

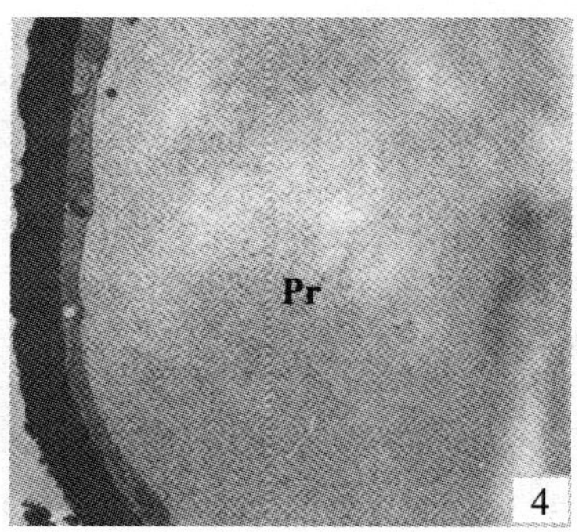

图 2 –7 –4

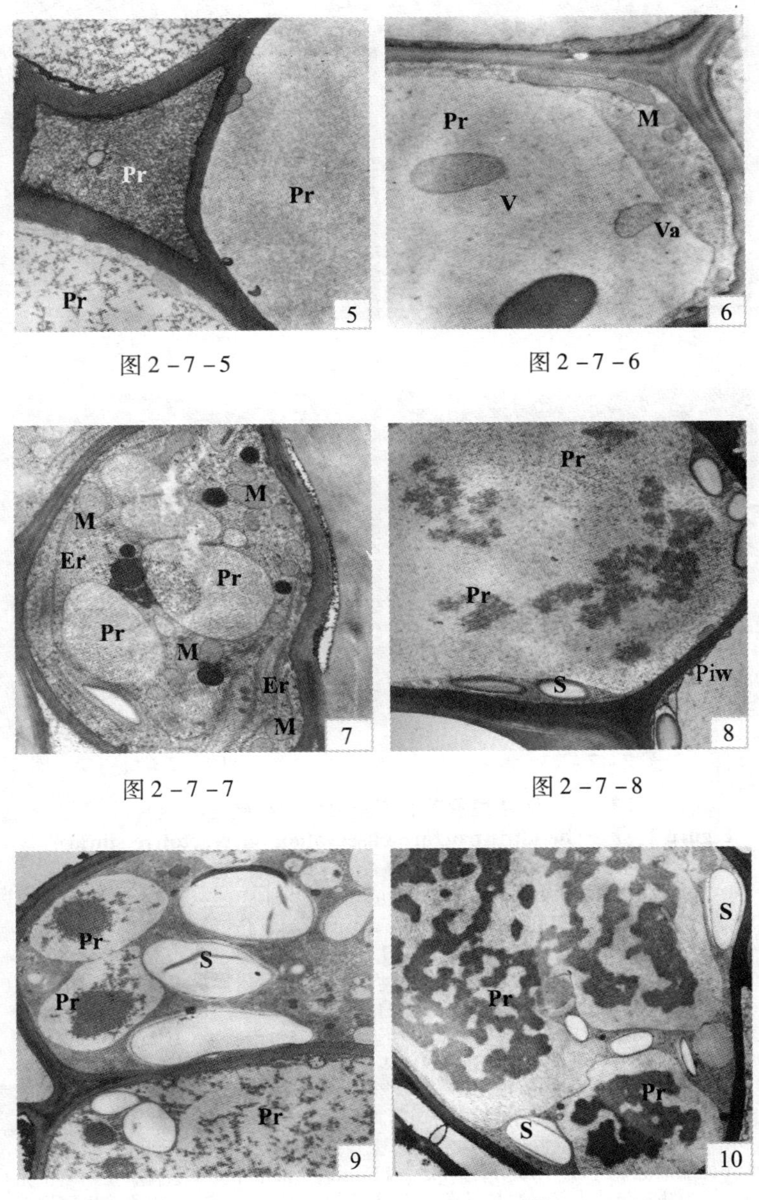

图 2－7－5

图 2－7－6

图 2－7－7

图 2－7－8

图 2－7－9

图 2－7－10

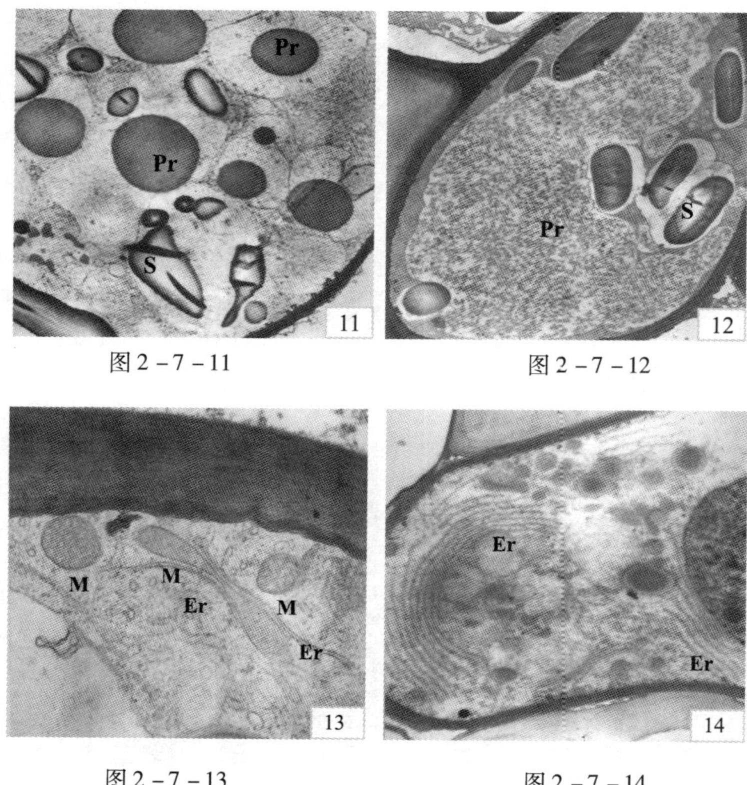

图 2－7－11　　图 2－7－12

图 2－7－13　　图 2－7－14

图 2－7　银杏根营养贮藏蛋白质的超微结构观察

Figure 2－7　The ultrastructure observation on vegetative storage proteins in roots of *Ginkgo biloba* L.

图版说明：图例见图 2－5。1. 示稀疏的絮状蛋白质分布于液泡中，质膜内陷，线粒体分布于细胞中（1 月 9 日，×10k）。2. 示絮状蛋白质和不定形块状蛋白共存于一个细胞，不同液泡正在融合（1 月 9 日，×3k）。3. 示液泡内分散着致密度小的蛋白质颗粒（2 月 20 日，×8k）。4. 示均一细沙状蛋白质均匀分布于整个液泡（4 月 14 日，×6k）。5. 示不同形态和致密度的蛋白分布于韧皮部的四个细胞中（4 月 2 日，×5k）。6. 示蛋白质在液泡中积累，小泡正在脱离液泡膜（5 月 15 日，×3.5k）。7. 示液泡中积累大量细沙状蛋白质，线粒体、粗面内质网丰富（10 月 7 日，×8k）。8. 示不同形态和电子密度的蛋白位于同一液泡（9 月 16 日，×4k）。9. 示蛋白聚集形成大的团块状，不同细胞的液泡中分布不同形态的蛋白质（10 月 13 日，×3.5k）。10. 示网络状蛋白质分布于液泡中（10 月 31 日，×3.0k）。11. 示圆球形蛋白质分布于不同的液泡中（11 月 13 日，×6k）。12. 示整个液泡中充满颗粒状蛋白质，无空隙，形成蛋白体，大量淀粉粒积累（12 月 13 日，×4k）。13. 示液泡膜周围堆积大量线粒体、内质网，细胞壁波浪状内突（1 月 9 日，×17k）。14. 示细胞质中分布着弧形内质网槽库，液泡中分布着云雾状蛋白质（7 月 14 日，×5k）。

分布于不同液泡中（图2－7－7），有的细沙状蛋白逐渐聚集形成不定形块状（图2－7－9），进而形成更多的网络状（图2－7－10），有的蛋白聚集形成圆球状分散于液泡中央（图2－7－11），12月份蛋白质以颗粒状分布于整个液泡，几乎没有空隙存在（图2－7－12）。不同形态的蛋白分散于不同的细胞中，一个液泡中的蛋白质呈电子密度低的絮状，另一个液泡内呈均匀细沙状，还有一个液泡内呈电子密度高的絮状分散（图2－7－5）；有的呈不定形团块状，有的呈现絮状（图2－7－9），在同一个液泡中蛋白质也不完全以一种形态存在，以细沙状和不定形块状并存于同一个液泡中（图2－7－8）。细胞中积累蛋白质的同时也积累了大量的淀粉粒（图2－7－2、图2－7－3、图2－7－8、图2－7－9、图2－7－10、图2－7－11和图2－7－12）。

4 结论与讨论

树木营养贮藏蛋白质可以用汞—溴酚蓝法显示（Wu and Hao，1991；田维敏等，1999；Tian *et al.*，2002）。在用汞-溴酚蓝法染色的石蜡切片中，被染成鲜蓝色的液泡内含物就是营养贮藏蛋白质。在本研究中，用汞-溴酚蓝法染色的石蜡切片中出现鲜蓝色的颗粒状物质，表明它们是蛋白质性质的。电镜观察表明，在富含蛋白质颗粒的树皮组织中，次生切皮部的切皮薄壁细胞和射线薄壁细胞的中央大液泡或正在融合的小液泡中存在颗粒状的电子致密物，这些电子致密物显然就是光镜下观察到的蛋白质颗粒，所以，根据光镜和电镜观察结果，银杏枝条和根中的蛋白质颗粒就是营养贮藏蛋白质，积累在中央大液泡中。

4.1 银杏的贮藏蛋白质细胞属于杨树型

目前，树木中积累营养贮藏蛋白质的细胞分为两种类型（Tian *et al*，1998）：橡胶树型（*Hevea*-type），是特化的专门积累贮藏蛋白质的细胞；杨树型（*Populus*-type）是积累贮藏蛋白质的普通薄壁组织细胞。通过观察，银杏积累营养贮藏蛋白质的细胞显然属于杨树型。因为这些细胞都是普通薄壁组织细胞，它们开始从形成层衍生出来时，并不积累贮藏蛋白质，后来在一定条件下才积累贮藏蛋白质，同时也积累淀粉。此外，这些细胞积累的蛋白质分子量很小（36kDa、32kDa、40kDa 和 45kDa），也是杨树型贮藏蛋白质细胞的一个特点。另外，银杏在我国是一种分布非常广泛的树种，从热带到北温带均有分布。而我们采样的地点南京地处北热带边缘，可能其在地理位置上更接近于温带，有较长的冬季和旱季，致使其休眠，从而形成类似于温带树木的生理适应机制，其贮藏蛋白质结构与温带阔叶落叶树相似，至于分布在更南的亚热带和热带的蛋白质贮藏结构是否与本文观察到的结果相同，还有待于进一步研究。目前对于同一树种在不同地带分布的营养贮藏蛋白是否相同还未见报道（郭娟，2001）。

4.2 银杏营养贮藏蛋白质在植株中的分布

银杏贮藏蛋白质主要分布在枝条和根的次生韧皮部中，在射线细胞和皮层也有分布，但次生韧皮部最丰富。Sauter 等（1988）发现除了杨树小枝的各种薄壁细胞内贮藏大量的蛋白质外，在其越冬的树干和根内也积累蛋白质。其他树木贮藏蛋白质的研究绝大多数仅以末端小枝为材料，其营养贮藏蛋白质主要分布在次生维管组织中（Staswick，1994）。Roberts（1991）

等在越冬的芽、干和根内观察到一些蛋白质。而巴西橡胶树的研究结果表明，其贮藏蛋白质细胞仅存在于茎和根次生韧皮部的轴向系统（Tian *et al.*，1998，1999）。因此，树木营养贮藏蛋白质主要分布在茎和根的次生维管组织，尤其是次生韧皮部，可能是一般特点。

已报道的林木营养贮藏蛋白质有多种形态。田维敏等(2000)认为营养贮藏蛋白质明显有三种不同形态：絮状、颗粒状和蛋白体。通过对银杏的超显微结构的观察发现，光镜下银杏的营养贮藏蛋白质是颗粒状；在电镜下观察，营养贮藏蛋白质有四种形态，首先，呈现为絮状、不规则块状、颗粒状和均一细沙状，颗粒状营养贮藏蛋白质的电子密度最高，其次，是不定形块状蛋白、均一细沙状，絮状的最低。另外，同一个细胞内的不同液泡内分布有不同的蛋白质，不定形蛋白质似乎有聚集的趋势，表明不定形块状蛋白质最后聚集成颗粒蛋白质。同时发现，液泡蛋白质在开始形成时多以絮状或不定形态存在，很少见颗粒状，而到了积累后期，则多以颗粒状存在，到了第二年春季，颗粒状蛋白质首先降解，此时贮藏蛋白质又多以不定形块状和均一细沙状存在，可能蛋白质在积累过程中蛋白质数量不断增加，而且蛋白质的成分有变化，如凝集素增加，导致絮状蛋白凝集，而降解时，使其凝聚的蛋白质成分又首先分解、转运。

4.3 营养贮藏蛋白质的积累

有关温带树木营养贮藏蛋白质的研究，以往得出的结论是，秋季的低温和短日照是诱导营养贮藏蛋白质积累的重要因子(Greenwood and Wetzel，1990)。夏末秋初，由于低温和短日照导致叶片衰老，叶片氮回运，成为树体中大量积累的贮藏氮化物的主要氮源（曾骧，1992；Kang and Titus，1980）。本研究观察到，5 月中旬，正在伸长生长的新梢及二年生枝条中已经积累了营养贮藏蛋白质，到11 月和12 月达到最大值。可见，在新梢正在生长时，银杏就开始积累营养贮藏蛋白质了，与低温、短日照和生长停止并无直接关系。这一结果与杨树、大叶桃花心木非常相似（田维敏等，1999，2003）。因此，新梢早期就开始积累营养贮藏蛋白质是温带和热带树木的一个共同特点，这对于树木的氮代谢和生长发育可能具有重要的调控作用（田维敏等，2003）。

关于树木营养贮藏蛋白质积累的机制，一些研究证明，施氮、低温和短日照都能诱导温带树木积累贮藏蛋白质（Langheimrich and Tischner，1991；Coleman *et al.*，1992；Van and Apel，1993），但它们都不是直接的诱导因子，因为这些因素都不能在很短的时间内使贮藏蛋白质的 mRNA 水平增加（Clausen and Apel，1991；Coleman *et al.*，1994）。对于银杏，氮素供应、温度和日照长度显然也不是直接诱导贮藏蛋白质积累的因子。大豆叶中营养贮藏蛋白质积累调控机制的研究结果表明，直接诱导贮藏蛋白质积累的因子是茉莉酮酸盐（Jasmonate）（Staswick，1994）。树木中是否存在同样的机制尚有待进一步研究。

4.4 银杏营养贮藏蛋白质的动用

银杏当年生枝条营养贮藏蛋白质的消失与芽的萌发及新梢的生长是同步的。枝条中的氮或专门的贮藏蛋白质的含量随着新梢生长而减少已被许多资料证明（郭娟等，2002；Cloeman *et al.*，1993；Wu and Hao，1991；Greenwood *et al.*，1990；Millard and Neilsen，1989；Pate，1980；Kennedy，1979；Ziegler，1964）。这一点被田维敏在大叶桃花心木上的环剥实验得以印证，环剥阻碍了新梢利用小枝中的贮藏蛋白质，从而导致新梢生长受到抑制（田维敏等，2003）。Tromp 和 Ovaa（1973）在苹果树上也做过类似的实验并获得相同的结果，他们测定的是枝条中的可溶性氮和蛋白态氮而不是专门的贮藏蛋白质。

银杏对营养贮藏蛋白质的利用有先后顺序。芽萌发和新梢生长优先利用当年生枝条皮层的营养贮藏蛋白质，于 3 月中旬被降解，而二年生枝条晚于当年生枝条，在 3 月下旬开始降解；根中的营养贮藏蛋白质降解早于枝条中的，于 1 月份其含量已经在减少，直至 6 月份达到最小，这期间不断满足新梢生长的需要。这说明土壤氮素同化固然是植物吸收利用氮素的一个重要过程，但春季生长初期枝条和根中贮藏的营养贮藏蛋白质发挥着重要作用（彭方仁等，2001；郭娟等，2002；Cloeman *et al.*，1994；Peng *et al.*，2004；Tian *et al.*，2002；田维敏等，2003），为芽萌发和正常抽新梢就近提供充足的氮素（田维敏等，1999）。

由于对营养贮藏蛋白质在根中的了解得很少，因此对这些部位的贮藏蛋白质与树木生长发育关系的认识是相当模糊的。本研究结果表明，银杏根中的贮藏蛋白质的动用与新梢生长没有明显的关系，这些蛋白质可能主要用于增粗生长。因为它们的开始动用与相应器官的形成层开始活动相一致，它们的完全消失又与形成层最活跃的时期相吻合。

关于林木营养贮藏蛋白质的降解机理的研究并不多。人们推测可能与研究较清楚的大豆营养贮藏蛋白质的降解机理存在某些相似之处。这种降解过程应包括不同蛋白酶的协同作用。有关木木植物树皮组织蛋白酶及其活性的研究较少，一种酸性内源蛋白酶已从苹果枝皮中分离并对其特性进行了初步的研究（Stepien *et al.*，1994），但这种酶是否参与苹果营养贮藏蛋白质的降解及这种酶的活性是否存在季节性变化目前尚不清楚。贮藏蛋白质降解期间的蛋白质凝胶电泳分析表明，12kDa 和 14kDa 的两种多肽可能是其降解的最初产物（Stepien，*et al.*，1994），但有关林木营养贮藏蛋白质降解的步骤仍一无所知。Coleman 等（1995）对生长在不同光周期条件下分别进行打破休眠及去除顶芽处理的美洲黑杨（*Populus deltoids*）32kDa 营养贮藏蛋白质的降解机理进行了比较深入的研究，结果表明：只有具有未休眠芽的植株或进行低温及 H_2CN_2 打破休眠处理的植株才能发生营养贮藏蛋白质的降解。营养贮藏蛋白质的降解受去芽处理的抑制，而且温度对营养贮藏蛋白质的降解没有直接的影响，因此认为营养贮藏蛋白质降解所必需的条件是芽的萌发（Langheimrich and Tischner，1991）。这意味着树木的芽以某种方式调控着营养贮藏蛋白质的降解。Coleman、Stepien 等认为赤霉素（GA）激活糊粉层中的半胱氨酸内切酶可能是控制杨树营养贮藏蛋白质降解的主要机理（Stepien *et al.*，1994；Langheimrich and Tischner，1991；Shim and Titus，1985；Coleman and Chen，1991；夏其昌和曾嵘，2004）。有关银杏营养贮藏蛋白质的降解机理有待进一步研究。

第三章

银杏营养贮藏蛋白质生物化学性质研究

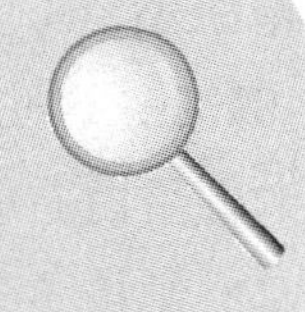

1 引言

目前，对树木的贮藏蛋白质生化性质了解得还很少。这方面的资料主要来自杨树32kDa贮藏蛋白质（Langheinrich and Tischner，1991）。营养贮藏蛋白质组分因树种不同存在明显的差别，大多数树木营养贮藏蛋白质的分子量在15～45kDa之间（Arora *et al.*，1992；Wetzel and Greenwood，1989；Coleman *et al.*，1991；Van Cleve *et al.*，1988；Stepien and Martin，1992；Wetzel *et al.*，1989a，1989b；Harms and Sauter，1991；Roberts *et al.*，1991；Tian *et al.*，1998），热带树种橡胶的分子量67kDa，较温带树种分子量高（Staswisk，1994）。营养贮藏蛋白质的等电点的确定，为树种差异蛋白质的性质研究提供了理论基础（Langheinrich and Tischner，1991；Wetzel and Greenwood，1991；Stepien *et al.*，1994；谈建中等，1999；谷瑞升等，1999；李慧玉等，2004）。杨树、柳树、大豆等植物中分离的营养贮藏蛋白质均为糖蛋白质（Staswick，1994；Wetzel and Greenwood，1991），三角杨（*Populus trichocarpa*）的32kDa、36kDa多肽和欧美杨（*P. Euramericana*）32kDa、36kDa、38kDa多肽均报道为

糖原型（Langheinrich and Tischner，1991；Stepien and Martin，1992），这些多糖可能具有多种生理功能，但有关木本植物营养贮藏蛋白质中多糖的生理功能尚不清楚，低聚糖链的出现可能具有维持冬季休眠期的热稳定性和增加碳贮藏含量的功能。关于银杏营养贮藏蛋白质的研究也有一些报道（Shim and Titus，1985；彭方仁等，2006），结论并不是很一致，确定的组分也未经过免疫标记定位给以确定。

笔者以银杏枝条和根系为研究材料，运用可溶性蛋白质含量测定法，结合SDS-聚丙烯酰胺凝胶电泳、双向电泳和过碘酸-Schiff试剂染色方法，对银杏营养贮藏蛋白质进行研究，以期明确营养贮藏蛋白质与可溶性蛋白质之间的相关性，从蛋白质的分子量和等电点两方面来确定营养贮藏蛋白质的组分，揭示其不同部位的含量及年动态变化规律，确定其糖蛋白质的性质，为银杏营养贮藏蛋白质在蛋白质组学方面的研究提供理论依据。

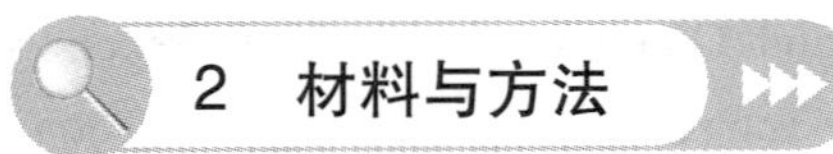

2 材料与方法

2.1 研究材料

选取南京林业大学树木园内成年健康的银杏，采集健壮枝上的当年生枝条、二年生枝条、叶片及根系为试验材料。

2.2 采样方法

选取健康银杏植株，在春季萌芽阶段即3月份每隔7d采样一次，落叶期每隔7d采样一次，其余月份每月采样一次。采样部位包括：当年生枝条、二年生枝条，叶片和根系。采回后，用蒸馏水洗干净，晾干。分别将枝条的皮层和木质部分离，一并放入-70℃冰箱备用。

2.3　试剂

2.3.1　银杏可溶性蛋白质含量测定的试剂

100μg/ml 牛血清白蛋白：

考马斯亮蓝 G-250 染料试剂：称 100mg 考马斯亮蓝 G-250，溶于 50ml 90%（体积分数）的乙醇后，再加入 100ml 85%（w/v）的磷酸，再用蒸馏水定容到 1L，贮于棕色瓶中。常温下可保存一个月。

三氯乙酸（TCA）/丙酮蛋白质提取液：

TCA/丙酮溶液：10g TCA 定溶于 100ml 丙酮中，加 70μl β-巯基乙醇，-20℃保存。

丙酮溶液：100ml 丙酮含 70μl β-巯基乙醇，-20℃保存。

2.3.2　银杏营养贮藏蛋白质的组分分析试剂

低分子量蛋白质 Marker [Protein Molecular Weight Marker (Low)] 购自上海皓嘉科技发展有限公司，包括 6 种蛋白质，如表 3-1 所示。

表 3-1　制品中的各种蛋白质种类
Table 3-1　Proteins in Marker

蛋白质种类	来源	分子量（Da）
磷酸酶 b	兔子肌肉	97 200
牛血清蛋白	牛	66 400
卵清蛋白	鸡蛋白	44 287
磷酸苷酶	牛	29 000
胰蛋白酶抑制剂	大豆	20 100
溶菌酶	鸡蛋白	14 300

30%丙烯酰胺溶液：丙烯酰胺（Acr）/甲叉双丙烯酰胺（Bis）=30:0.8。

10%丙烯酰胺溶液：丙烯酰胺（Acr）/甲叉双丙烯酰胺（Bis）=30∶1.8。

10% AP溶液：现用现配。

样品提取液：含2%SDS，5%巯基乙醇，10%甘油，0.02%溴酚蓝的0.01mol/L Tris-HCl（pH值设计环保8.0）。

电极缓冲液：0.1% SDS，0.384mol/L甘氨酸，0.05mol/LTris（pH值为8.3）。配好后用真空抽气泵抽气。

染色液：考马斯亮蓝R-250（Coomassie brilliant blue，CBB）1.25g，225ml甲醇，45ml冰醋酸，定容至500ml。

脱色液：225ml甲醇，45ml冰醋酸，定容至500ml。

分离胶和浓缩胶配方如表3-2所示。

表3-2 SDS-聚丙烯酰胺凝胶电泳分离胶和浓缩胶配方

Table 3-2 The concentration of separating gel and stacking gel in SDS-PAGE

成分	15%分离胶（ml）	12%分离胶（ml）	4.4%浓缩胶（ml）
超纯水	2.0	3.2	0.75
30%丙烯酰胺溶液	5.2	4	—
10%丙烯酰胺溶液	—	—	2.5
1.5mol/L Tris-HCl（pH值为8.8）	2.6	2.6	—
0.5mol/L Tris-HCl（pH值为6.8）	—	—	1.25
10% SDS	0.1	0.1	0.05
10% AP	0.1	0.1	0.1
1% TEMED	0.4	0.4	1.0

2.3.3 银杏营养贮藏蛋白质的糖蛋白性质分析试剂

SDS-聚丙烯酰胺电泳试剂见本章2.3.2。直接在过碘酸-Schiff试剂中染色，进行观察。

固定液：40%乙醇，5%冰醋酸，55%蒸馏水。

0.7%过碘酸：0.7g过碘酸溶于5%的冰醋酸中。

0.1%偏重亚硫酸钠：0.1g偏重亚硫酸钠溶于100ml 5%的冰醋酸中。

Schiff试剂：煮沸100ml蒸馏水，加入0.5g碱性品红，时时搅拌，继续煮沸5min，使之充分溶解，但勿使沸腾。然后冷却至50℃时用滤纸过滤。后加入10ml HCl（1N），冷却至25℃时，加入0.5g $NaHSO_3$，充分搅拌，待完全溶解后装入棕色瓶，盖紧瓶口，置于暗处8～12h，溶液即变成无色或淡黄色。加入1g活性炭，用力摇晃1min，封严瓶塞，储存于4℃冰箱中。使用前升至室温。

2.3.4 银杏营养贮藏蛋白质双向电泳分析试剂

使用BIO-RAD双向电泳仪进行第一向和第二向电泳。第一向采用17cm（pH值为4～7）的线性胶条。

裂解液成分：8mol/L尿素，4% CHAPS，1% DTT（现加），0.5%两性电解质（现加），1ml/管分装后－20℃保存。

水化上样缓冲液成分：8mol/L尿素，4% CHAPS，1% DTT（现加），0.2%两性电解质（现加），0.1‰溴酚蓝，1ml/管分装后－20℃保存。

胶条平衡缓冲液母液：6mol/L尿素，2% SDS，0.375mol/L（用1.5mol/L Tris-HCl pH值为8.8配制）Tris-HCl，20%甘油，5ml/管分装后－20℃保存。

SDS-PAGE用12%分离胶，配方见2.3.2。

电极缓冲液：0.05% SDS，0.192 mol/L甘氨酸，0.025mol/LTris，pH值为8.3。

凝胶染色液和脱色液：见本章2.3.2。

2.4 可溶性蛋白质干粉的制备

采用三氯乙酸（TCA）/丙酮沉淀法提取可溶性蛋白质。

取新鲜或经液氮处理贮藏在 -20℃冰箱内的样品（叶片或枝条）约2g，放入用液氮预冷的研钵内，加入液氮磨碎后，装入Eppendorf管中，加入预冷的2倍体积三氯乙酸（TCA）/丙酮溶液（含10% TCA、0.07% β-巯基乙醇，在 -20℃预冷），充分混匀后，在 -20℃冰箱内静置1h，4℃、15 000rpm/min条件下离心15min。离心后去掉上清液，保留的沉淀用预冷的丙酮（-20℃）（含0.07% β-巯基乙醇）悬浮，在 -20℃冰箱内浸提过夜。次日，在4℃、15 000rpm/min条件下离心10min，去上提液，留沉淀，再加入经预冷的（-20℃）丙酮（含0.07% β-巯基乙醇）进行浸提，1h后以相同条件离心，弃上清液，收集沉淀。在30℃恒温烘箱中烘干，收集干粉，用于电泳测试。干粉可在冰箱中 -20℃密封保存。

2.5 可溶性蛋白质含量的测定

蛋白质含量测定选用考马斯亮蓝染色法。实验中选用牛血清白蛋白做标准曲线，配制100μg/ml牛血清白蛋白标准溶液，作标准曲线。详见表3-3所示。

表3-3 Braford法实验表

Table 3-3 Trial table of Braford method

管号	1	2	3	4	5	6
100μg/ml牛血清白蛋白（ml）	0	0.02	0.04	0.06	0.08	1.00
去离子水（ml）	1.0	0.98	0.96	0.94	0.92	0.90
考马斯亮蓝G-250试剂（ml）	5.0	5.0	5.0	5.0	5.0	5.0
蛋白质含量（μg）	0	20	40	60	80	100

加完试剂2~5min后，即可开始进行比色，在分光光度计上测定各样品在595nm处的光吸收值A595，制蛋白质含量标准曲线（图3-1）。制作蛋白质含量标准曲线，得线性方程 y =

169.4x −4.010 2，相关系数是0.995 8。

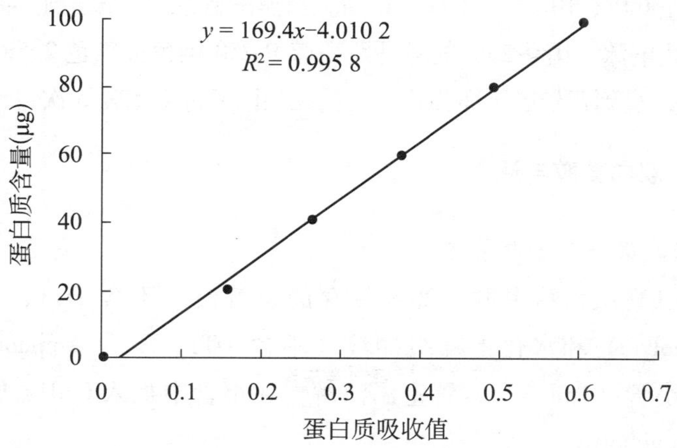

图3－1　蛋白质含量测定标准曲线图

Figure 3－1　Standard curve of the protein content by Braford Commas brilliant method

蛋白质含量计算公式：

蛋白质含量（mg/g）＝A_{595}提取液总体积/（样品重×测定取用体积×1 000）

样品经液氮研磨后，称取干粉0.5g，用5ml蒸馏水研磨成匀浆，15 000r/min、离心10min，收集上清液。用考马斯亮蓝G-250测定上清中蛋白质含量。取上清液1ml，加5ml考马斯亮蓝G-250试剂，摇匀，2min后在595nm波长下比色。

2.6　SDS-聚丙烯酰胺凝胶电泳

采用BIO-RAD mini垂直板电泳槽进行SDS-聚丙烯酰胺凝胶电泳。Marker购自上海皓嘉科技发展有限公司。称取30mg蛋白质干粉，放入2ml的离心管中，加入400μl蛋白质提取液，35℃水浴30min后，15 000r/min，4℃离心20min，上层清液即为上样液。上样量 20μl 分离胶浓度 15%，浓缩胶浓度 4.4%。电泳程序是 60V，10min；160V，1.2h。当溴酚蓝迁移距凝胶底部 1cm 处终止电泳。用 0.25% 的考马斯亮蓝 R-250 染色液染色 2.5h，脱色 3h，直到背景脱干净为止。实验在相同条件下重复 3 次。

2.7 双向凝胶电泳

2.7.1 第一向等电聚焦

（1）从冰箱中取 -20℃ 保存的裂解液（不含 DTT，不含 Ampholyte）和水化上样缓冲液（不含 DTT，不含 Ampholyte）各一小管（1ml/管），置室温溶解。在小管中加入 0.01g DTT，5μl Ampholyte。

（2）称取干粉 40mg 置于 1.5ml 离心管内，加入 400μl 裂解液，充分混匀室温下静提 30min 后，室温、15 000r/min 条件下离心 30min，取上层清液 200μl，加入 400μl 水化上样缓冲液，充分混匀，取 300μl 上样。

（3）从冰箱取 -20℃ 保存的 17cm 胶条（pH 值为 4 ~ 7），于室温放置 10min。

（4）沿着聚焦盘的边缘处开始连续加入样品。在槽两端 1cm 左右处不加样，中间的样品一定要连贯，不能产生气泡。

（5）用镊子轻轻去除 IPG 胶条上的保护层。分清胶条的正负极，使 IPG 的正极与聚焦盘的“+”极对应，轻轻将 IPG 胶条胶面朝下置于聚焦盘中样品溶液上，使胶条下面的溶液不产生气泡。如果已产生气泡，用镊子轻轻提起胶条的一端，上下移动胶条，直到气泡被赶走为止。

（6）在胶条塑料支撑上一滴一滴慢慢加矿物油。对好正负极，盖上聚焦盘盖子。

（7）移入双向电泳仪中，盖上盖子，设置等电聚焦程序：

水化			12h（20℃）	被动水化
S1	250V	慢速	30min	除盐
S2	1 000V	快速	2h	除盐
S3	10 000V	线性	5h	升压
S4	10 000V	快速	60 000V · h	聚焦
S5	500V	快速	任意时间	保持

- 选择所放置的胶条数。
- 设置每根胶条的极限电流。（50 ~ 70μA/根）
- 设置等电聚焦时的温度。（20℃）

（8）聚焦结束的胶条，立即进行平衡，进入第二向 SDS-PAGE 电泳。

2.7.2 第二向 SDS-PAGE 电泳

（1）把胶条平衡缓冲液母液从 -20℃ 冰箱中取出，使其解冻。

（2）配制 12% 的丙烯酰胺凝胶，灌胶，上部留 1cm 空间，用 MilliQ 水封面，保持胶面平整，直至出现明显界面分层。

（3）分别向胶条平衡缓冲液母液（5ml/管）中加入 0.1g DTT/管，0.125g 碘 lodoacetamide/管，配制胶条平衡缓冲液 I 及 II，用时现配。

（4）在桌上放置干的厚滤纸，聚焦好的胶条胶面朝上放在干的滤纸上。将另一份滤纸用 MilliQ 水浸湿，挤去多余水分，直接置于胶条上，轻轻吸干胶条上的矿物油及多余样品。

（5）将胶条胶面朝上转入溶涨盘，加入胶条平衡缓冲液 I，平衡 15min，其间不停轻轻摇动，平衡后，将胶条竖在滤纸上，以免损失蛋白质或损坏 IPG 胶面。

（6）将胶条胶面朝上转入溶涨盘的另一槽中，加入胶条平衡缓冲液 II，平衡 15min，其间不停轻轻摇动，平衡后，将胶条竖在滤纸上，以免损失蛋白质或损坏 IPG 胶面。

（7）将琼酯糖封胶液进行加热溶解。

（8）配制稀释 1 倍的电泳缓冲液。

（9）镊子夹住平衡好的 IPG 胶条的一端，使胶面完全浸没在稀释 1 倍的电泳缓冲液中。

（10）将胶条胶面朝上放在凝胶的长玻璃板上，用无齿板将胶条推下，使之与聚丙烯酰胺凝胶胶面完全接触，不可在胶条下面产生气泡。

（11）用干滤纸点上标记物 marker 后，从 IPG 负极一端插入凝胶中。

（12）加琼脂糖封胶液于凝胶上方，用压舌板或平头镊子轻压胶条背面支撑膜赶走气泡，待 15min 琼脂糖封胶液凝固后，将凝胶转移至电泳槽中。

（13）在电泳槽加入电极缓冲液后，接通电源，以电压为标准开始进行第二向 SDS-PAGE 电泳，当溴酚蓝前进到凝胶前沿 1cm 左右时，停止电泳。第二向 SDS-PAGE 电泳程序定为：300V，4. 5h。

（14）电泳结束后，取出凝胶，在凝胶染色液中 30℃染色 3h。

（15）脱色直至背景干净为止。

（16）呈像，分析。

2. 8 SDS-聚丙烯酰胺凝胶的过碘酸-Schiff（PAS）试剂染色

用凝胶过碘酸-Schiff 试剂（PAS）染色进行检测。

（1）SDS-PAGE 后，凝胶在固定液中固定 12 ~ 24h；

（2）0. 7% 过碘酸中 2h；

（3）0. 1% 偏重亚硫酸钠中 5min；

（4）蒸馏水清洗，10min × 3 次；

（5）加入 Schiff 试剂，黑暗放置 6h；

（6）显带后，将凝胶直接从 Schiff 试剂中取出，成像。

3 结果与分析

3.1 银杏不同部位可溶性蛋白质含量的动态变化

3.1.1 银杏当年生枝条皮层和木质部中可溶性蛋白质含量年动态变化

对不同生长时期银杏当年生枝条皮层和木质部蛋白质含量测定，结果表明其存在明显的季节性变化规律，皮层中的蛋白质含量明显高于木质部。图 3－2 所示为当年生银杏枝条皮层与木质部中可溶性蛋白质的年动态变化情况。从年动态变化来看，可溶性蛋白质含量呈先下降后增长的趋势，1 月份含量最高，随着春季气温的回升、芽的萌发，蛋白质含量显著下降，在 4 月 8 日达到最低点 4. 55mg/g，之后，随着新生叶子的形成，蛋白质含量缓慢增长，增长幅度不是很快，8 月份以后，蛋白质含量迅速增加，在 12 月份达到最高 9. 15mg/g。这充分表明，在春季树木萌发以前，树木体内具有较高水平的贮藏蛋白质含量，随着枝芽的萌发，贮藏蛋白质逐渐降解，蛋白质含量下降，随着新叶的展开，树体光合能力增强，开始积累营养物质，蛋白质含量开始上升。迅速积累时期主要在 8 月下旬以后，落叶后枝条内的蛋白质含量达到较高的稳定水平，这一结果与解剖观察结果吻合。

木质部中蛋白质含量的变化趋势相对较为复杂，含量的最低点出现在 5 月 12 日，而且含量很少，比皮层出现最低点略迟。随着春季芽的萌发，蛋白质含量减少，6 月份以后含量逐渐

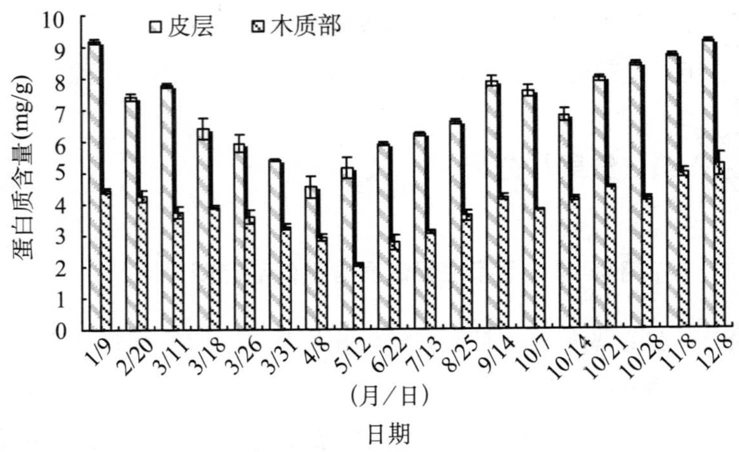

图 3－2 银杏当年生枝条皮层和木质部可溶性蛋白质含量的年动态变化

Figure 3－2 The annual dynamic changes of soluble proteins content of cortex and xylem in one-year old branches of *Ginkgo biloba* L.

增加，9 月份以后呈现波浪式增加，11 月份含量仍在增加，至落叶前后，枝条中的蛋白质含量达到最高值 5. 21mg/g，从 12 月份至翌年 2 月份含量基本保持稳定。这可能是因为芽的萌发和新梢的生长，优先利用枝条皮层中的营养蛋白质。同时木质部积累蛋白质的时期比皮层中的要晚，而且增加幅度也不是很大。总之，银杏当年生枝条皮层和木质部可溶性蛋白质含量年动态规律基本一致（图 3－2）。

分析表明，在春季树液流动之后，树木各部位的生长机能逐渐得到激活，新梢、根系、叶片开始生长，此时刚刚渡过休眠期的根还没有开始从土壤中吸收大量矿质养分，再加上叶片还没有完全展开，不能进行光合作用。树木生长所需的营养只有通过树体内的贮藏蛋白质来提供。皮层中蛋白质含量在春季萌发时的急骤下降就是提供营养物质的有力证据。直到叶片展开并成熟以后，通过光合作用生成的有机酸进一步与新同化的硝酸盐的产物以及蛋白质降解生成的氨基酸又开始不断地合成新的蛋白质，以此来调节营养物质在各组织中的分配。所以进入高生长阶段以后，皮层和木质部中的总蛋白质含量呈现逐渐增加的变化趋势。一些蛋白质逐渐开始发挥酶的作用，其他蛋白质还可继续合成并参与氮素代谢调节的一些内源激素等重要物质。这些物质在树体的年生长过程中均发挥着非常重要的调控作用。

3.1.2　银杏二年生枝条皮层和木质部中可溶性蛋白质含量年动态变化

图 3－3 所示为银杏二年生枝条中可溶性蛋白质含量的年动态变化情况。从图中可以看出，不同生长时期银杏二年生枝条皮层和木质部蛋白质含量存在明显的季节性变化。

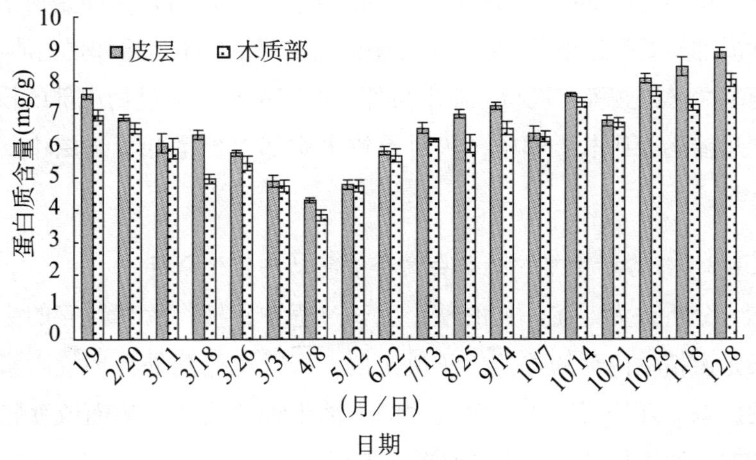

图 3－3　银杏二年生枝条皮层和木质部可溶性蛋白质含量的年动态变化

Figure 3－3　The annual dynamic changes of soluble proteins content of cortex and xylem in one-year old branches of *Ginkgo biloba* L.

从图 3－3 中可以看出，二年生枝条皮层中蛋白质含量比木质部中的含量高。落叶前后，叶片中的蛋白质回运，迅速积累在银杏的皮层中，表现为皮层中含量逐渐增加，皮层中的蛋白质积累高峰出现在 11 月、12 月，12 月份皮层和木质部中含量分别达到 8. 85mg/g、8. 05mg/g 冬季蛋白质含量保持稳定，变化幅度不大。随着芽的萌发，银杏枝条内的蛋白质开始降解，其含量不断减少，至 4 月皮层和木质部中的蛋白质含量分别降为 4. 25mg/g、3. 85mg/g。当新梢新生叶开始展开后，光合作用不断加强，伴随着气温的上升，根吸收的营养物质不断向上运输，植物体内各种酶相继发生作用，银杏体内的代谢活动进一步加强，叶片通过光合作用生成的有机酸进一步与新同化的硝酸盐的产物以及蛋白质降解生成的氨基酸又开始不断地合成新的蛋白质，促使新生枝条生长旺盛，导致银杏枝条内的蛋白质含量显著增加（图 3 –3）。木质部含量低于皮层中的含量可能是由于木质部主要是运输无机物，皮层中的韧皮部主要是运输如蛋白质、氨基酸、酰胺等有机物，而木质部中的有机物是通过韧皮部的横向运输渗透到木质部中，从而导致木质部中含量低于皮层中的含量。

3. 1. 3 银杏叶中可溶性蛋白质含量年动态变化分析

分析认为，在叶片的整个生长过程中，植物及其器官的生长是由植物内部的遗传因子决定的，同时也受到外界环境因素的影响。环境因素通过对植物的内部生理活动的影响而改变植物的代谢，使其最终表现出形态差异。

叶片在生长前期由于叶片小，不完全具备光合作用能力，可溶性蛋白质含量比较低，随着叶片的不断增长，其光合作用不断增强，代谢旺盛，表现为叶中的可溶性蛋白质含量不断增加，到 8 月下旬其含量达到最高。在 9 月份和 10 月中旬之间其体内可溶性蛋白质含量维持动态平衡，满足自身生长的需要，含量基本保持不变，这期间叶片成熟，代谢减缓、变弱，形态基本不变化（图3-4）。至10月下旬以后，叶片变黄，可溶性蛋白质含量迅速下降，叶片氮素回运，防止营养成分过量损失，为树体来年的生长贮藏能量。综上所述，可溶性蛋白质含量的变化与叶片形态变化具有一定的相关性，可以反映叶片的生长过程。

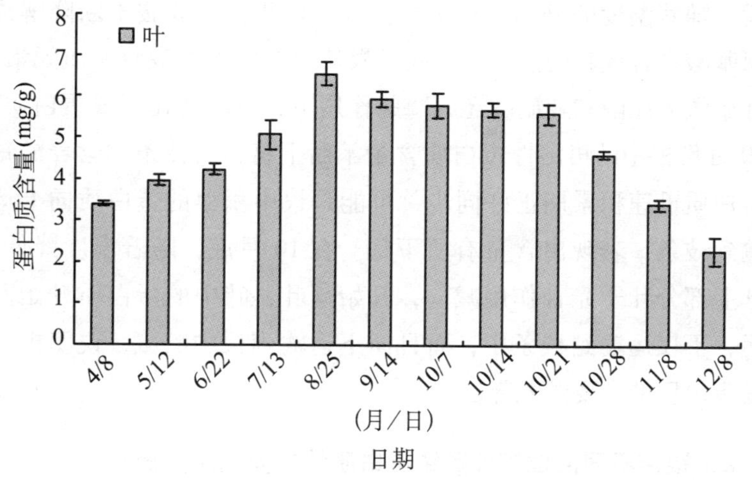

图3-4　银杏叶中可溶性蛋白质含量的年动态变化

Figure 3-4　The annual dynamic changes of soluble proteins content of leaves in *Ginkgo biloba* L.

3.1.4　银杏根中可溶性蛋白质含量年动态变化分析

通过对银杏根部可溶性蛋白质含量的测定，发现根中可溶性蛋白质在12月份含量最高，达到6.18mg/g，最低含量出现在3月中旬左右含量仅为2.02mg/g。从整体来看，具有一定的年变化规律，根中可溶性蛋白质含量有两个主要的变化时期。根中蛋白质含量在12月份达到最高，1月份到3月中旬之间含量有所降低，在 3 月 18 日含量降到最低 2. 02mg/g，之后稳步增加，到 9 月 14 日时含量增加到 4. 76mg/g。进入 10 月份根中蛋白质含量有下降的趋势，在 10 月 21 日下降到 2. 98mg/g，从 10 月底含量开始迅速增加，绝对含量增加了 3. 19mg/g，增加幅度达 107. 2%。分析其变化原因可能是，12 月份以后随着温度的降低，银杏停止生长，进入休眠期，一些营养物质转化为酰胺或其他形式贮藏于根中，相对含量逐渐减少。到了 3 月中旬以后，随着温度的升高，根中酶活性不断提高，酰胺不断降解成氨基酸再合成新的蛋白质，同时根从土壤中大量吸收矿质元素，在硝酸还原酶和亚硝酸还原酶的作用下，不断转化形成蛋白质。10 月份根中的可溶性蛋白质含量不断下将，与枝条中营养贮藏蛋白质迅速积累期正好同步，可能是根中积累的蛋白质向上运输到枝条，表现出含量有所下降。在 10 月底，随着温度降低，地上部分叶子光合作用减弱，开始落叶，叶中的蛋白质开始回运，不仅运输到枝条中，而且向下运输到根中贮藏，说明根也是蛋白质的主要贮藏部位。

3. 2 银杏不同部位营养贮藏蛋白质的单向电泳分析

根据 Clausen 和 Apel（1991）为树木营养贮藏蛋白质制定三条标准，营养贮藏蛋白质有明显的季节变化，在休眠季节大量积累，在 SDS-PAGE 图谱上表现为少数几条显著的蛋白质谱带，在树木重新生长后含量显著降低，甚至谱带完全消失，初步判定银杏营养贮藏蛋白质组分及年动态变化规律。利用 BIO-RAD Quality one 软件分析银杏不同部位的考马斯亮蓝 R-250 染色图谱，发现了不同分子量的营养贮藏蛋白质组分，从图 3 -5 中看出这些营养贮藏蛋白质具有一定的年动态变化规律，具体结果详见图 3 -6 所示。

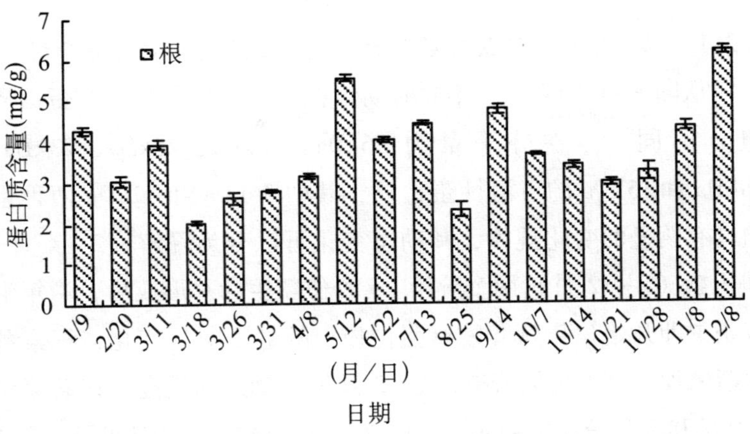

图3－5　银杏根中可溶性蛋白质含量的年动态变化

Figure 3－5　The annual dynamic changes of soluble proteins content of roots in *Ginkgo biloba* L.

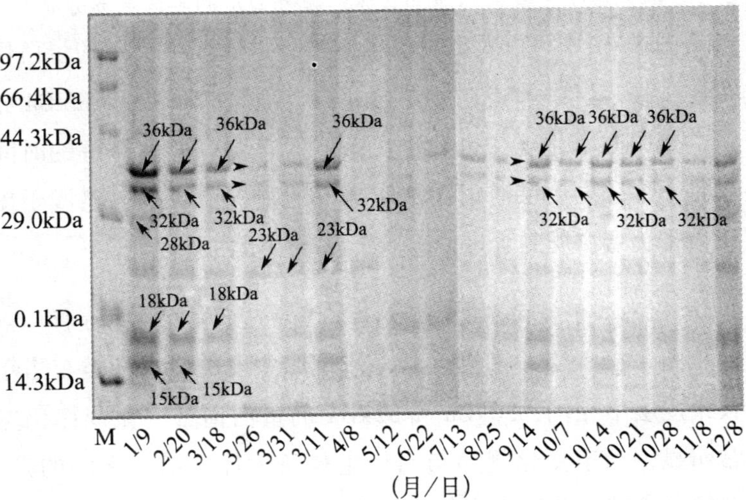

图3－6　银杏当年生枝条皮层营养贮藏蛋白质 SDS-PAGE 图谱

Figure 3－6　Electrophoretic spectrum of vegetative storage proteins of cortex in 1-year old branches of *Ginkgo biloba* L.

注释：图3－6，M 表示 Protein Marker。

3.2.1 银杏当年生枝条皮层营养贮藏蛋白质的单向电泳分析

从图 3－6 中看出，不同时期银杏当年生枝条皮层中蛋白质组分不同。存在分子量为 36kDa、32kDa、28kDa、23kDa、18kDa 和 15kDa 的可溶性蛋白质，其中 36kDa 和 32kDa 两种蛋白具有明显的变化规律，其动态变化可以分为降解（2～4 月）和积累（5～12 月）两个阶段。5 月份新生叶片形成后，当年生枝条中即开始积累营养贮藏蛋白质，随着季节的变化，积累量逐渐增加，谱带更加清晰，至 12 月份含量达到最高。在萌芽前 1 月份和 2 月份保持稳定，3 月中旬开始降解，谱带变浅，到 4 月 8 日谱带完全消失。从图中看出 23kDa、18kDa 和 15kDa 似乎也有类似的变化规律，但谱带颜色很浅，难以辨认。

3.2.2 银杏当年生枝条木质部营养贮藏蛋白质的单向电泳分析

从图 3－7 中可以看出，当年生枝条木质部中出现的蛋白质与当年生枝皮层中的蛋白质组分相同，而且 36kDa 和 32kDa 分子量的蛋白质变化规律也几乎一致，但其明显开始降解的时间在 3 月下旬，比皮层略迟。木质部中的蛋白谱带颜色略浅于皮层蛋白带，蛋白质的含量普遍低于皮层中蛋白质含量。

3.2.3 银杏二年生枝条皮层营养贮藏蛋白质的单向电泳分析

从图 3－8 看出，二年生枝条皮层中主要的蛋白种类与当年生枝条皮层中相同，36kDa 和 32kDa 的蛋白谱带变化规律仍然非常明显，动态变化规律与当年生枝条大体一致。不同的是，蛋白组分谱带颜色浅于当年生枝条皮层，而且贮藏蛋白质降解期要晚于当年生皮层中这两种蛋白质，于 3 月下旬谱带颜色明显变浅，直到 6 月下旬其中的贮藏蛋白质才被完全降解，7 月中旬开始积累，积累期晚于当年生枝条皮层，此后稳定增长，到

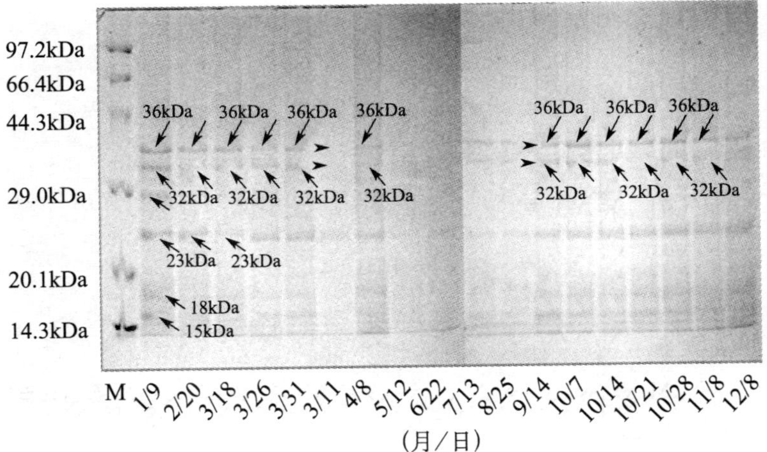

图 3－7　银杏当年生枝条木质部营养贮藏蛋白质 SDS-PAGE 图谱

Figure 3－7　Electrophoretic spectrum of vegetative storage proteins of xylem in 1-year old branches of *Ginkgo biloba* L.

注释：图 3－7，M 表示 Protein Marker。

12 月达到最大，在萌芽前维持稳定。23kDa 分子量的蛋白质一直存在于 2 年生的枝条皮层中，谱带中没有明显的变化。18kDa 和 15kDa 蛋白质谱带比当年生枝条。

3.2.4　银杏二年生枝条木质部营养贮藏蛋白质的单向电泳分析

从图 3－9 可以看出，蛋白质种类与以上部位中的蛋白组分相同，36kDa 和 32kDa 呈现一致的变化规律，但各种蛋白质组分谱带颜色都明显比当年生枝条中的蛋白质谱带浅，同时也比二年生枝条皮层中的蛋白质谱带颜色浅。另外，在本图谱中 36kDa 和 32kDa 的积累高峰出现在 2 月份，而不再是 12 月份，并且蛋白质开始积累的时间推迟至 7 月份。其中，23kDa 蛋白质也呈现一定变化规律，但蛋白质谱带颜色很浅。18kDa 蛋白组分仅在 1 月份和 2 月份存在。15kDa 蛋白质呈现一定的变化趋势，

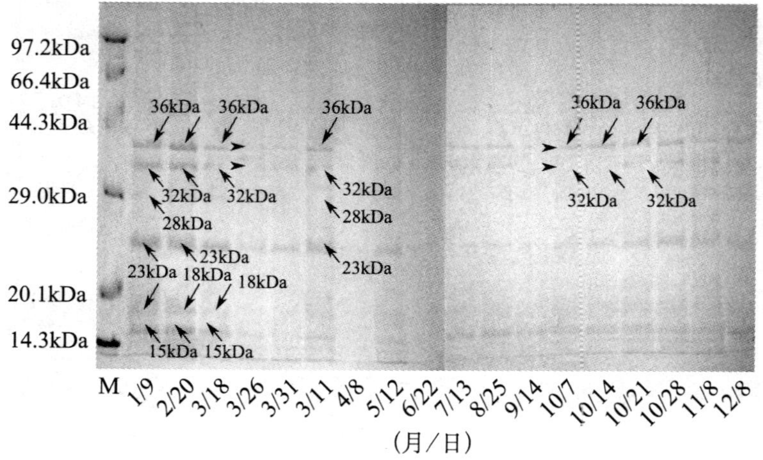

图 3－8 银杏二年生枝条皮层营养贮藏蛋白质 SDS-PAGE 图谱

Figure 3－8 Electrophoretic spectrum of vegetative storage proteins of cortexin 2-year old branches of *Ginkgo biloba* L.

注释：图 3－8，M 表示 Protein Marker。

2 月份萌芽前保持稳定，萌芽期开始降解，谱带颜色逐渐变浅，到 7 月份又开始积累，并趋于稳定，但颜色较浅。

3.2.5 银杏叶营养贮藏蛋白质的单向电泳分析

从图 3－10 蛋白质谱带中可以看出，与其他部位蛋白质谱带相比，叶片中蛋白质谱带要丰富的多，其变化也非常复杂。在叶片中出现的蛋白质有 74kDa、70kDa、61kDa、54kDa、43kDa、38kDa、36kDa、34kDa、31kDa、30kDa、28kDa、23kDa、18kDa 和 15kDa。在 4 月叶片刚刚展开时蛋白质比较密集，随后到了 5 月份明显减少，仅存 31kDa、28kDa、23kDa、18kDa 和 15kDa 的蛋白质，到了 7 月、8 月份蛋白质谱带几乎完全消失，仅剩 15kDa 的蛋白质还比较清晰，23kDa 和 32kDa 两种分子量的蛋白质依稀可见，从 9 月份开始蛋白质种类又有所增多，34kDa、32kDa、28kDa 和 23kDa 的蛋白质又出现，一直

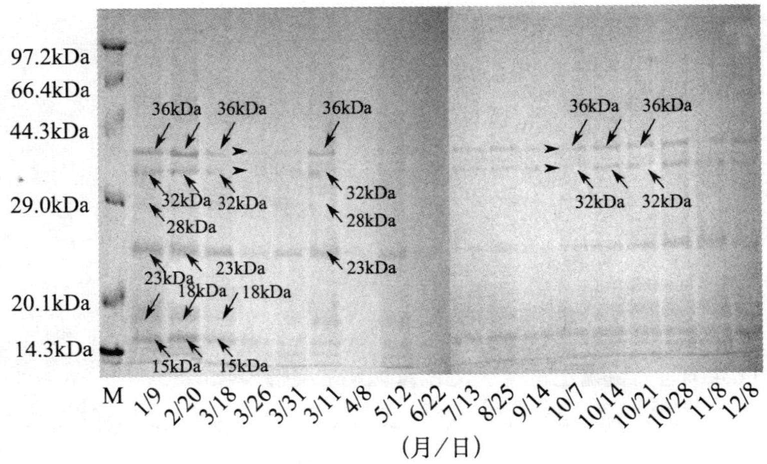

图 3-9　银杏二年生枝条木质部营养贮藏蛋白质 SDS-PAGE 图谱

Figure 3-9　Electrophoretic spectrum of vegetative storage proteins of xylem in 2-year old branches of *Ginkgo biloba* L.

注释：图 3-9，M 表示 Protein Marker。

到 10 月中旬蛋白质种类较为丰富。但从 10 月下旬开始一直到 12 月蛋白质种类减少，含量降低，仅存 36kDa、28kDa 和 15kDa 的蛋白质谱带还较为清晰。

3.2.6　银杏根营养贮藏蛋白质的单向电泳分析

从图 3-11 中看出，不同时期，银杏的根中分布着不同分子量的营养贮藏蛋白质，有中分子量蛋白质和低分子量的蛋白质，且具有一定的变化规律，其动态变化可以分为降解期（1~6 月）和积累期（7~12 月）两个阶段。

在根中有 48.6kDa、43.7kDa、40.2kDa、36.0kDa、32.0kDa、31.4kDa、28.8kDa、27.3kDa、22.5kDa、17.8kDa、15.5kDa、14.5kDa、12.8kDa 和 11.9kDa 不同分子量的蛋白质。根降解期明显早于枝条中蛋白质的降解，直至 6 月份根中分布的营养贮

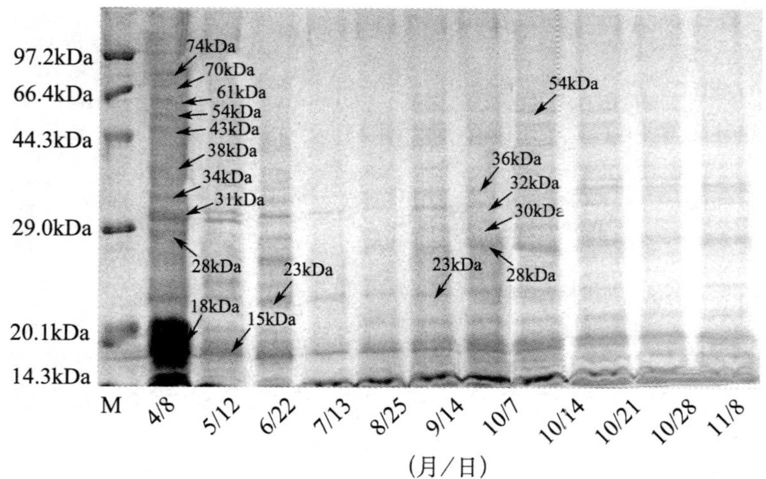

图 3－10 银杏叶中营养贮藏蛋白质 SDS-PAGE 图谱

Figure 3－10 Electrophoretic spectrum of vegetative storage proteins of leaves in *Ginkgo biloba* L.

注释：图 3－10，M 表示 Protein Marker。

藏蛋白质降解到最小量。从 7 月份开始，根中又逐渐积累营养贮藏蛋白质，其含量不断增加，在 11 月和 12 月份达到含量最大值。在积累期会新增加一些蛋白质，如 28.8kDa 和 27.3kDa 两种分子量的蛋白质在 7 月份开始出现，在 11 月达含量最大值。仅在 11 月份新出现的有 48.6kDa 的蛋白质。其中 43.7kDa、40.2kDa、36.0kDa、32.0kDa、31.4kDa、22.5kDa、17.8kDa、15.5kDa 和 14.5kDa 这 9 种蛋白质存在明显的季节变化规律，在 1～6 月含量渐渐减少，在 7 月份以后又趋向于积累，银杏营养贮藏蛋白质在根中的分布能明显区分为降解和积累两个时期。其中，43.7kDa 和 40.2kDa 两种蛋白质接近于 Shim and Titus 研究结果中的两分子量 45kDa 和 40kDa 蛋白质，因此，这两种分子量的蛋白质有待于进一步研究加以确定。

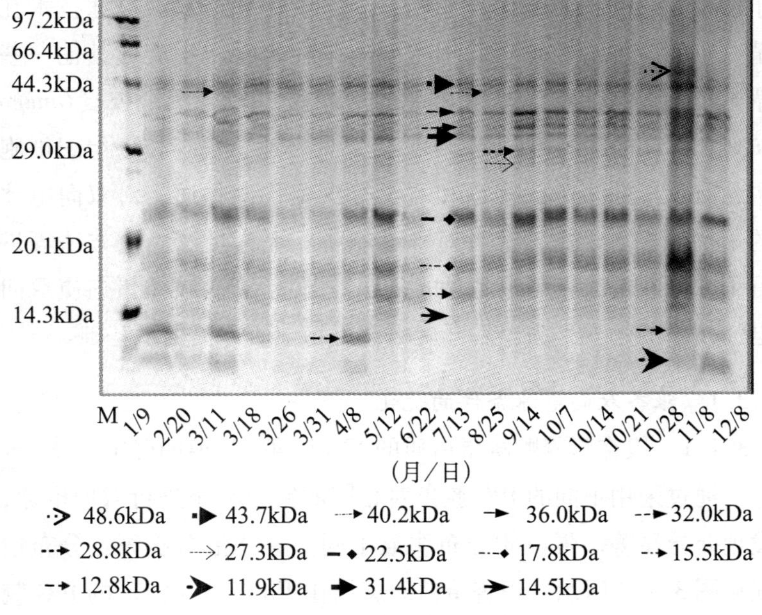

图 3－11　银杏根营养贮藏蛋白质 SDS-PAGE 图谱

Figure 3－11　Electrophoretic spectrum of vegetative storage proteins of roots in *Ginkgo biloba* L.

注释：图 3－11，M 表示 Protein Marker。

3.3　银杏营养贮藏蛋白质的双向电泳分析

双向电泳（Two-dimensional electrophoresis，2-DE）技术是目前分析组分复杂蛋白质分辨率最高的工具之一，第一向为等电聚焦（Isoelectrofocusing，IEF），根据蛋白的等电点不同而进行分离；第二向为 SDS-聚内烯酰胺凝胶电泳（SDS-PAGE），是基于蛋白质亚基相对分子质量的不同而将第一向分离后的蛋白质进一步分离。经过电荷和质量的 2 次分离后，可以得到蛋白质分子的等电点和分子量信息。

O'Farrell 于 1975 年创立的双向电泳方法与程序，主要适用于微生物和动物细胞的全蛋白分析。近年来，双向电泳技术在植物中的应用日益增多，但主要集中在水稻、小麦或其他一些草本植物上，而在木本植物中的应用报道较少，银杏（*Ginkgo biloba* L.）枝条的蛋白质 2-DE 尚未见报道，银杏枝条组织细胞中含有大量的多酚、多糖和醌类等次生代谢物质，对双向电泳的干扰较大。为此，笔者对样品制备、上样量及染色方法等进行了一些改进，获得了满意的 2-DE 图谱。银杏枝条蛋白质双向电泳技术的建立，为今后开展银杏生物学研究提供了基础。

3.3.1　银杏双向电泳条件的优化

3.3.1.1　银杏营养贮藏蛋白质的 IPG 胶条 pH 值的确定

通过采用不同的 IPG 胶条对相同的银杏枝条进行双向电泳，发现差异显著，蛋白质分布明显不同。具体蛋白质斑点分布情况见图 3－12 所示。银杏蛋白质斑点在用 pI（3～10）的 IPG 胶条进行的双向电泳凝胶中局部分布，而在用 IPG pI（4～7）的 IPG 胶条进行的双向电泳凝胶中均匀分布。鉴于这种情况，笔者

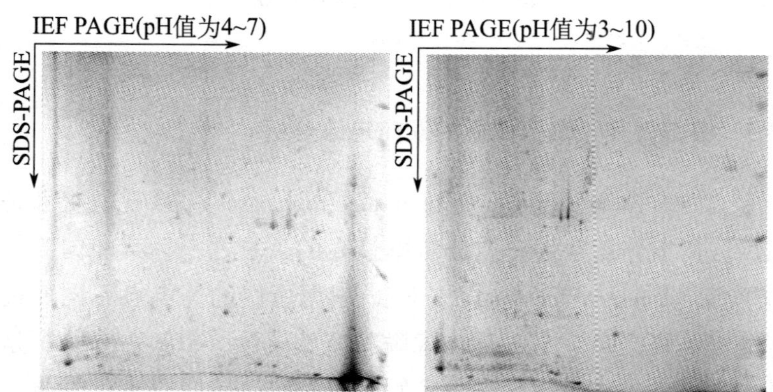

图 3－12　银杏营养贮藏蛋白质在不同 IPG 胶条中的双向电泳比较图

Figure 3－12　2-DE diagrams of Vegetative Storage Proteins in *Ginkgo biloba* L. with different IPG

选择 IPG pI（4－7）胶条进行双向电泳。

3.3.1.2 银杏营养贮藏蛋白质的2-DE染色方法的建立

从图3－13中可以看出，两种不同染色方法差异显著。考马斯亮蓝染色和银染色是蛋白质电泳凝胶两种最主要的染色方法，银染约比考马斯亮蓝染色的灵敏度高出100倍，但在应用中显色太快，稳定性和重复性均不如考马斯亮蓝染色。试验中双向电泳的凝胶经银染和考马斯亮蓝 R-250 染色，对比二者的染色效果，考马斯亮蓝 R-250 染色清晰，蛋白质斑点清晰可见，易于控制，比较稳定，而银染法虽然灵敏度高，但难于控制，染色效果差，蛋白质斑点不能清晰辨认，与考马斯亮蓝染色效果相比，凝胶面模糊，因此本试验选择考马斯亮蓝 R-250 染色法对凝胶进行染色。

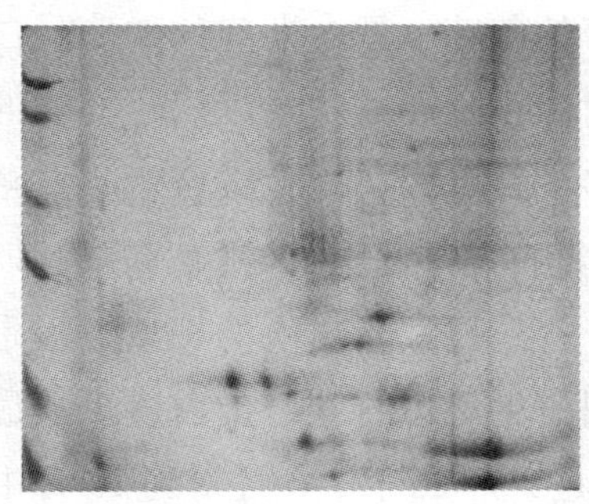
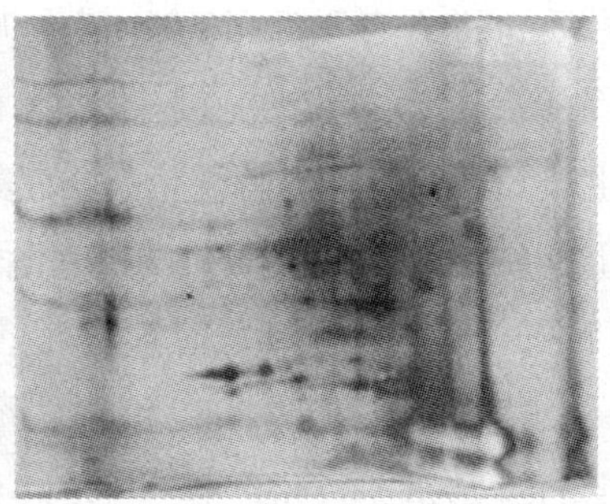

图3－13 银杏营养贮藏蛋白质双向电泳染色方法比较

Figure 3－13 2-DE comparison diagram of Vegetative Storage Proteins in *Ginkgo biloba* L. with different dyeing ways

3.3.2 银杏营养贮藏蛋白质的双向电泳分析

通过严格一致的程序操作，得到了重复性很高的2-DE电泳图谱。经 PDQuest 软件分析获得蛋白质的等电点和分子量。银杏当年生枝条皮层不同时期营养贮藏蛋白质的2-DE图谱见图3－14中 A-P。凝胶中的蛋白质点，从左到右等电点增加，从上而下分子质量降低，在 pH 值为 4 ~ 7，分子量 13kDa 至 97.2kDa 范围内检测到数目不等的蛋白质点。如图所示，根据蛋白质分子出现的多少，图中的蛋白质点可以分为 3 个区域，分别标为高分子量 A 区域、中分子量 B 区域和低分子量 C 区域。图谱上游区间 A 区域范围中高分子量蛋白斑点较少，中下游区间 B 和 C 区域内中、低分子量蛋白斑点数目相对集中，蛋白质分子大小主要集中在 13kDa 至 55kDa 之间，pI 等电点在 pH 值为 4 ~ 7 之间均有分布。各蛋白斑点染色深浅和面积差异很大，示意蛋白质含量各不相同。不同时期银杏营养贮藏蛋白质的分子量和等电点不同。

营养贮藏蛋白质是许多落叶树木越冬期间贮藏氮素的主要形式，枝条是营养贮藏蛋白质的主要贮藏场所。秋季落叶期间，叶片中的氮素转移到树体以蛋白质形式贮藏，枝条开始积累蛋白质；进入春季后的落叶树木开始萌芽，越冬期间的贮藏蛋白质开始降解，形成能被植物利用的多肽和氨基酸以用于植物的生长。根据图谱中蛋白斑点的多少及是否出现，银杏营养贮藏蛋白质的动态变化可以分为积累期（3 月底至 12 月）和降解期（2 ~ 3 月下旬）两个时期，银杏营养贮藏蛋白质的积累过程是一个边动用边积累的过程。从图谱中可以看到，蛋白质斑点最多的时期是 5 月份，最少的时期是 3 月 26 日，6 月份到 10 月中旬期间蛋白质斑点出现波动性增减，从 10 月下旬开始蛋白斑点大量增加，从 10 月下旬到翌年 2 月份银杏蛋白质斑点数量基本保持稳定，没有发生改变。

随着春季芽的萌发和新生叶的形成，从 2 月份开始银杏营养贮藏蛋白质逐渐减少，A 区域、B 区域和 C 区域中的蛋白质斑点明显减少，到 3 月 18 日 A 区域和 B 区域中的蛋白质斑点几乎完全降解，到 3 月 26 日蛋白质斑点数量减少到最少。从 3 月底 B 区域和 C 区域中的蛋白质斑点逐渐增加，A 区域中仍然没有发现蛋白质点。4 月初时，在 A 区域、B 区域和 C 区域明显新出现许多蛋白点，到 5 月份达到最多，几乎遍布整张凝胶，大分子量、中分子量和小分子量均有，分析其中原因，可能是银杏枝条皮层中积累的营养贮藏蛋白质在春季发生降解满足新梢的生长发育，在 5 月份中旬一些新形成的叶子具备了一定的进行光合作用的能力，不断自生合成蛋白质，同时随着温度升高，根中的一些蛋白质向上运输供应新梢生长发育需要，表现为新梢蛋白质点不断增多。6 月份和 7 月份蛋白斑点有减少的趋势，A 区域中的蛋白质斑点不断减少，但相对来说 B 区域和 C 区域中蛋白斑点还比较多，8 月份和 9 月份蛋白斑点相对来说斑点又在逐渐减少，从 10 月 28 日开始蛋白斑点又出现明显增多趋势，仅局限于 B 区域和 C 区域中的蛋白质点增加，A 区域没有增加蛋白质斑点，说明银杏营养贮藏蛋白质大量积累在枝条的韧皮部，至翌年 2 月份芽萌发之前斑点数目没有发生明显的差异变化，保持稳定。

就 B 区域中的蛋白点而言，分子量相同的蛋白质斑点对应有不同的等电点，分子量范围在 28kDa 至 45kDa 之间，等电点在 pI 4 ~7 之间均有分布。3 月份数量开始明显减少，到 3 月 26 日完全降解，到 3 月底逐渐出现新的蛋白质，4 月份及 5 月份达到最多，6 月和 7 月份蛋白数量基本保持稳定，10 月底大比例增加，直至翌年 2 月份保持不变，这与 SDS-聚丙烯酰胺凝胶电泳结果一致，与整张胶的变化趋势也呈一致性。

C 区域中蛋白点以低分子量居多，可能在银杏枝条的生长发育过程中起着重要作用，同时低分子量蛋白质数量多也说明银杏新生枝条新陈代谢旺盛，光合作用强，不断合成新的营养物质，包括新的蛋白质。图中各蛋白质点在植物生长发育过程中的作用有待于进一步研究。

根据营养贮藏蛋白质判断标准之一，在休眠季节，占贮藏组织可溶性蛋白质的相当大的比例，在树木重新生长后含量显著降低，甚至蛋白质谱带完全消失。A 区域、B 区域和 C 区域部分蛋白质点符合标准，确定银杏营养贮藏蛋白质组分为(51.8，5.82)、(45.1，4.02)、(45.2，4.41)、(40.2，4.4)、(40.3，4.48)、(40，5.31)、(40.1，4.6)、(40，4.29)、(40，5.19)、(36.4，5.56)、(36.3，4.57)、(36.1，5.35)、(36.4，5.49)、(36.2，6.46)、(36.2，5.02)、(36，6.33)、(36，6.74)、(36.1，4.62)、(36.4，5.19)、(36，6.2)、(36，6.43)、(32.3，5.15)、(32.4，4.66)、(32.1，6.6)、(32.1，6.3)、(32.2，4.74)、(32，5.97)、(32.1，6.45) 和 (32，5.75)，从中可以看出同分子量的蛋白质可能对应不同的等电点分布于银杏枝条中。

3.4 银杏营养贮藏蛋白质的糖蛋白性质的分析

经 SDS-PAGE 电泳检测后，发现银杏营养贮藏蛋白质存在明显的季节变化规律，以 12 月份的营养贮藏蛋白质含量居多，1 月份和 2 月份营养贮藏蛋白质含量趋于稳定。鉴于此种结果，

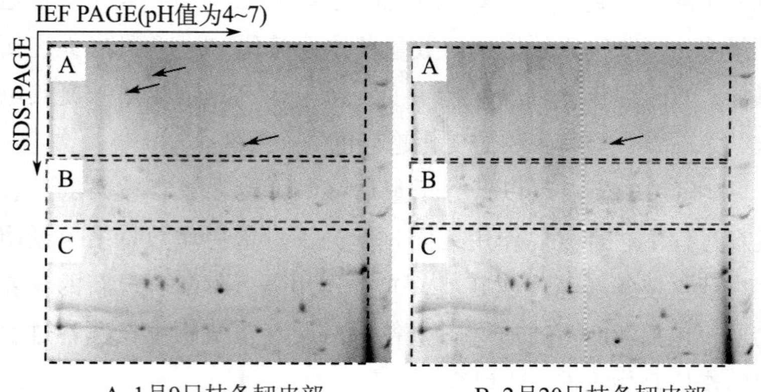

A. 1月9日枝条韧皮部　　B. 2月20日枝条韧皮部

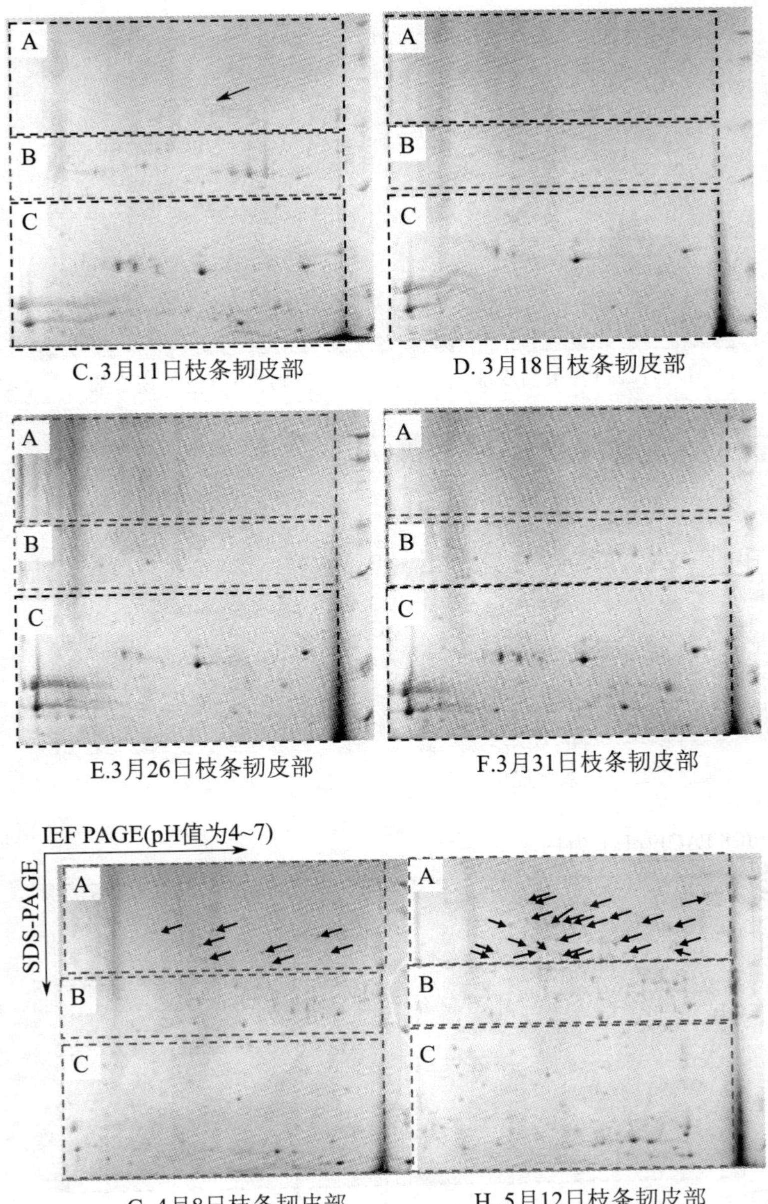

C. 3月11日枝条韧皮部

D. 3月18日枝条韧皮部

E.3月26日枝条韧皮部

F.3月31日枝条韧皮部

G. 4月8日枝条韧皮部

H. 5月12日枝条韧皮部

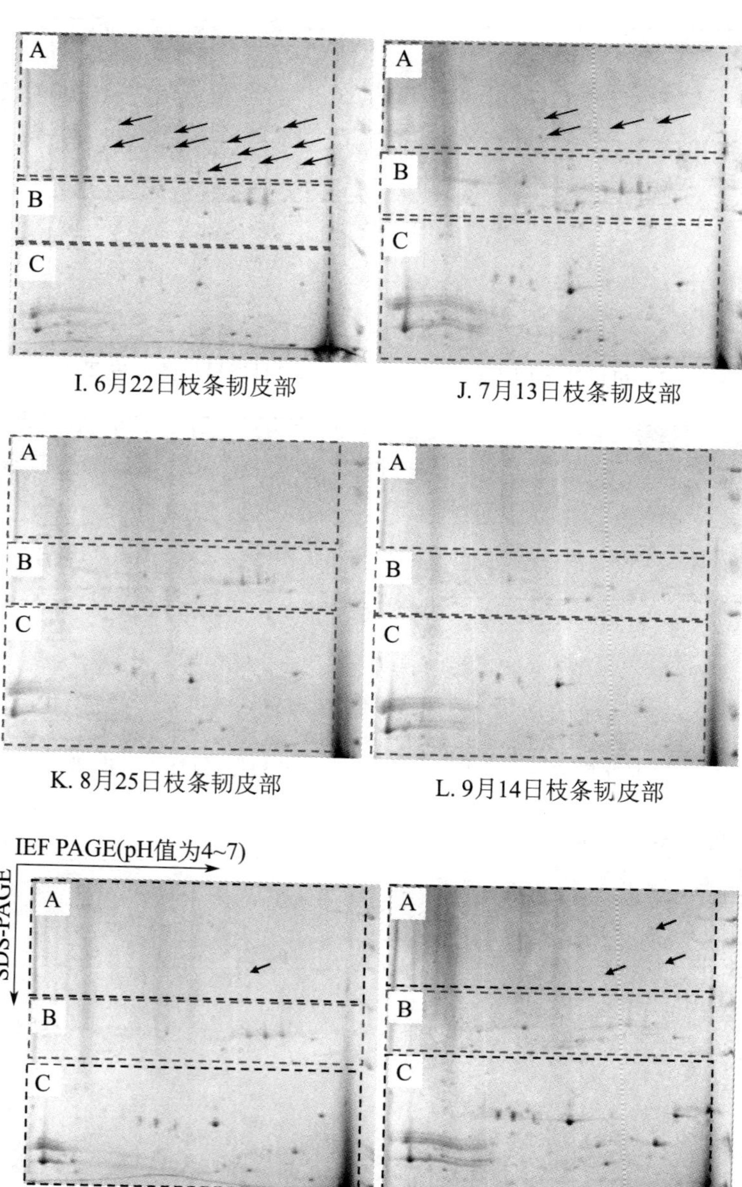

I. 6月22日枝条韧皮部

J. 7月13日枝条韧皮部

K. 8月25日枝条韧皮部

L. 9月14日枝条韧皮部

M. 10月7日枝条韧皮部

N. 10月28日枝条韧皮部

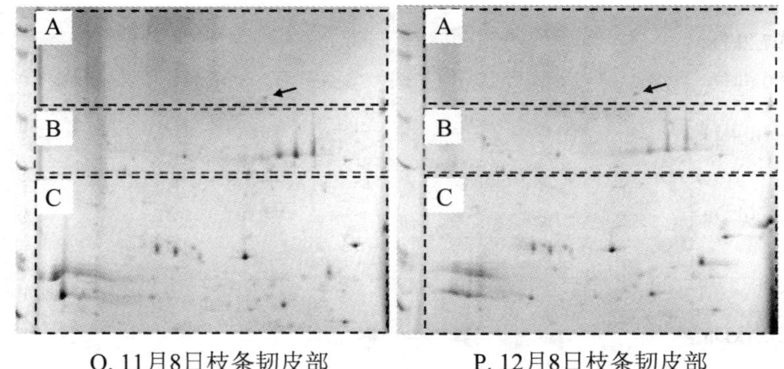

O. 11月8日枝条韧皮部　　P. 12月8日枝条韧皮部

图 3－14　银杏当年生枝条韧皮部不同时期营养贮藏蛋白质的 2-DE 图谱

Figure 3－14　2-DE gels of vegetative storage proteins of one-year branch cortex in *Ginkgo biloba* L. during different terms

本试验以 12 月份的不同部位的样品进行 SDS-PAGE，通过过碘酸-Schiff 试剂染色，检测营养贮藏蛋白质的糖蛋白性质。

银杏不同部位营养贮藏蛋白质 SDS-PAGE 后，凝胶经过碘酸-Schiff 试剂染色，图谱中有多条被染成紫红色的谱带（图 3－15），说明经过糖基化的蛋白质在银杏树木体内广泛存在，当年生枝条韧皮部中存在有 80. 0kDa、56. 6kDa、51. 3kDa、45. 6kDa、36. 0kDa、32. 0kDa、28. 7kDa、26. 9kDa、24. 8kDa、23. 4kDa、19. 6kDa 和 14. 5kDa 的蛋白质经过糖基化；当年生枝条木质部中存在有 106. 6kDa、98. 8kDa、80. 0kDa、56. 6kDa、51. 3kDa、45. 6kDa、36. 0kDa、32. 0kDa、28. 7kDa、24. 8kDa、23. 4kDa、19. 6kDa 和 14. 5kDa 的蛋白质经过糖基化；二年生枝条韧皮部存在 80. 0kDa、56. 6kDa、51. 3kDa、45. 6kDa、36. 0kDa、32. 0kDa、28. 7kDa、24. 8kDa、23. 4kDa、19. 6kDa、16. 5kDa 和 14. 5kDa 的蛋白质经过糖基化；二年生木质部存在 80. 0kDa、56. 6kDa、51. 3kDa、45. 6kDa、36. 0kDa、32. 0kDa、28. 7kDa、

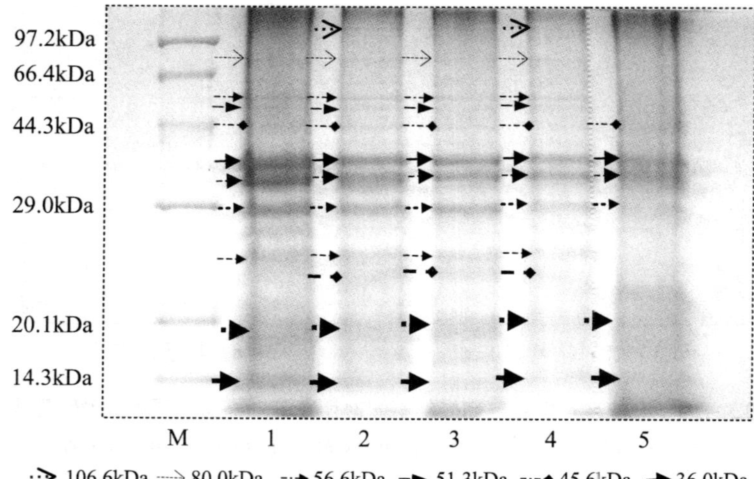

图 3－15 银杏不同部位营养贮藏蛋白质 SDS-PAGE 的 PAS 染色图谱

Figure 3－15 Electrophoretic spectrum of vegetative storage proteins of different organs dyed by PAS reagent in *Ginkgo biloba* L. by SDS-PAGE

注释：图 3－15，M 表示 Protein Marker，1～5 分别表示 12 月份当年生枝条的韧皮部、当年生枝条的木质部、二年生枝条的韧皮部、二年生枝条的木质部和根的样品。

24. 8kDa、23. 4kDa、19. 6kDa 和 14. 5kDa 的蛋白质经过糖基化；根中存在 45. 6kDa、36. 0kDa、32. 0kDa、28. 7kDa、21. 5kDa、19. 6kDa 和 14. 5kDa 的蛋白质经过糖基化。其中，32kDa 和 36kDa 两种蛋白质普遍存在于银杏当年生枝条韧皮部、当年生枝条木质部、二年生枝条韧皮部、二年生枝条木质部和根中。

通过染色的深浅也可以判定，32kDa 和 36kDa 两种分子量的蛋白质在当年生韧皮部的含量居最高，当年生枝条木质部、二年生枝条韧皮部、二年生木质部和根依次递减，根中这两种蛋白质染色最浅，含量最少。过碘酸-Schiff 试剂染色后，可以发现 106. 6kDa 和 98. 8kDa 两种分子量的蛋白质在银杏当年生枝条和二年生枝条木质部存在，而在当年生枝条和二年生枝条的韧皮部不存在，认为这两种蛋白质是银杏木质部所特有的。23.4kDa、19.6kDa 和 14.5kDa 三种分子量的蛋白质在银杏枝条木质部中含量明显低于枝条韧皮部中的含量，且二年生木质部的含量低于当年生枝条木质部中的含量。在银杏根中，高分子量的营养贮藏蛋白质很少或者没有，与银杏当年生和二年生枝条的韧皮部和木质部相比较，高分子量的 106.6kDa、98.8kDa、80.0kDa、56.6kDa 和 51.3kDa 几种蛋白质都未曾发现。24.8kDa 和 23.4kDa 两分子量的蛋白质在根中不表达。

银杏不同部位 32kDa 和 36kDa 两种营养贮藏蛋白质凝胶被过碘酸-Schiff 试剂染成紫红色的谱带，说明该蛋白质是糖基化的。银杏营养贮藏蛋白质糖基化说明内质网或高尔基体参与该蛋白质的糖基化过程；该蛋白质有可能抵抗外源刺激，起到保护和屏障作用免受病原或机械损害，并及时做出应答，使银杏更好的生存在环境中。因此，具有蛋白质糖基化性质的银杏营养贮藏蛋白质在抵抗外来刺激和信号传导中发挥着重要的作用。

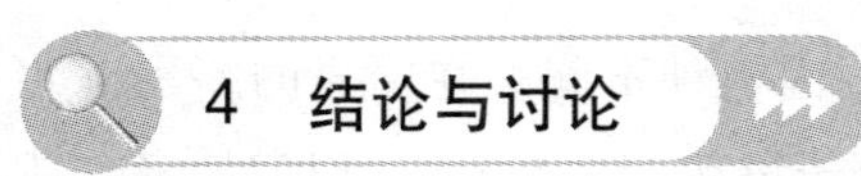

4 结论与讨论

4.1 银杏不同部位可溶性蛋白质含量的差异

银杏不同部位可溶性蛋白质含量差异达显著水平。银杏枝条的皮层、木质部及根中可溶性蛋白质含量呈现明显的季节变化规律。当年生枝条中可溶性蛋白质含量高于二年生枝条中的含量。韧皮部中可溶性蛋白质含量高于木质部中的含量，且明显高于叶片和根中含量。

贮藏蛋白质是可溶性蛋白质的一部分，而且是某一些可溶性蛋白质的积累形式，因为具有一定的变化规律和特征被确定为营养贮藏蛋白质，因此可溶性蛋白质的变化趋势与贮藏蛋白质的积累与降解有密切相关性，具有重要意义。

银杏枝条中可溶性蛋白质含量呈现明显的季节变化规律。随着春季芽的萌发，蛋白质含量显著下降，皮层和木质部中含量分别在 4 月和 5 月达到最小值，之后，蛋白质含量出现不同程度的提高。银杏叶中的蛋白质含量呈现先增加后减少的趋势，在 8 月达到最高值，至落叶前后达最小值。当年生枝条中可溶性蛋白质含量高于二年生枝条中的含量。韧皮部中可溶性蛋白质含量高于木质部中的含量，且明显高于叶片中的含量。根中可溶性蛋白质含量高于枝条中的含量，具有一定的年动态变化规律，在 3 月中旬含量最低，随着温度升高，含量不断增加，在 9 月份达高含量，另一次含量高的时期出现于 12 月份，从 10 月份到 12 月份这一时期的含量迅速增加，与枝条中可溶性蛋白质含量变化趋势相似，但明显高于枝条的增加幅度。

4.2 银杏营养贮藏蛋白质组分的确定

林木营养贮藏蛋白质组分因树种不同存在明显的差别，大多数树木营养贮藏蛋白质的分子量在 15 ~ 45kDa，研究最多的是杨树的 32kDa 蛋白质，此外，确定分子量的还有杨树的 36kDa、落羽杉的 35kDa、欧洲落叶松的 25kDa、27kDa 和 32kDa 蛋白质。松属树种的营养贮藏蛋白质主要是低分子量（15kDa），而橡胶树的营养贮藏蛋白质分子量明显较高（67kDa）。单项电泳研究结果表明：银杏枝条贮藏蛋白质组分可分为高分子量、中分子量和低分子量 3 类；变化最明显的是中分子量的 32kDa、36kDa，其在芽萌发前可以清晰辨认，4 月初完全消失。但各种蛋白质组分到底是贮藏蛋白质还是蛋白质降解的中间产物还需借助免疫印迹等方法进一步验证。

根据营养贮藏蛋白质的判断标准（Clausen and Apel, 1991），结合 SDS-PAGE 图谱，32kDa 和 36kDa 两种蛋白质在蛋白质谱带中呈现出清晰的两条谱带，且具有明显的季节变化规律，在新生长季营养贮藏蛋白质迅速降解为芽的萌发和新梢的生长提供营养物质，在生长季后期，营养贮藏蛋白质逐渐积累，到 12 月份达到最大，因此，32kDa 和 36kDa 两种蛋白质初步被确定为银杏营养贮藏蛋白质。

双向电泳结果表明，银杏枝条中营养贮藏蛋白质存在明显的季节变化规律，可以分为积累（3 月底至 12 月）和降解（2～3 月下旬）两个阶段，蛋白质组分有高分子量、中分子量和低分子量 3 类，变化最明显的是中分子量蛋白如 40kDa、45kDa、36kDa 和 32kDa，其在芽萌发前可以清晰地辨认，展叶后逐渐消失，据此确定银杏营养贮藏蛋白质组分为（51.8，5.82）、（45.1，4.02）、（45.2，4.41）、（40.2，4.4）、（40.3，4.48）、（40，5.31）、（40.1，4.6）、（40，4.29）、（40，5.19）、（36.4，5.56）、（36.3，4.57）、（36.1，5.35）、（36.4，5.49）、（36.2，6.46）、（36.2，5.02）、（36，6.33）、（36，6.74）、（36.1，4.62）、（36.4，5.19）、（36，6.2）、（36，6.43）、（32.3，5.15）、（32.4，4.66）、（32.1，6.6）、（32.1，6.3）、（32.2，4.74）、（32，5.97）、（32.1，6.45）和（32，5.75）为银杏营养贮藏蛋白质的主要类型。同一分子量的蛋白质对应不同的等电点，在银杏枝条的营养贮藏蛋白质中普遍存在。双向电泳过程中发现了 45kDa 和 40kDa 分子量的蛋白，这两种可能也是银杏营养贮藏蛋白质的主要类型，这一结论与 Shim 等的研究结果基本一致但各种蛋白质组分到底是贮藏蛋白质还是蛋白质降解的中间产物还需借助免疫印迹方法进一步验证。

结合银杏营养贮藏蛋白质的年动态变化规律，综合单向电泳和双向电泳的结果认为（36.4，5.56）、（36.3，4.57）、（36.1，5.35）、（36.4，5.49）、（36.2，6.46）、（36.2，5.02）、（36，6.33）、（36，6.74）、（36.1，4.62）、（36.4，5.19）、（36，6.2）、（36，6.43）、（32.3，5.15）、（32.4，4.66）、（32.1，6.6）、（32.1，6.3）、（32.2，4.74）、（32，5.97）、（32.1，6.45）和（32，5.75）为银杏营养贮藏蛋白质的主要类型。45kDa 和 40kDa 两种分子量的蛋白质是否是银杏营养贮藏蛋白质的成分，有待于进一步用免疫印迹的方法加以验证。

4.3 银杏不同部位营养贮藏蛋白质具有明显的季节变化规律

银杏不同部位营养贮藏蛋白质具有明显的季节变化远规律。银杏当年生和两年生枝条中的营养贮藏蛋白质具有明显的季节变化，其动态变化可以分为降解（2~4 月）和积累（5~12 月）两个阶段。5 月份新生叶片形成后，当年生枝条中即开始积累营养贮藏蛋白质，随着季节的变化，积累量逐渐增加，谱带更加清晰，至 12 月份含量达到最高。在萌芽前 1 月份和 2 月份保持稳定，3 月中旬开始降解，谱带变浅，到 4 月 8 日谱带完全消失。木质部中的营养贮藏蛋白质降解和积累稍晚于皮层。

不同时期，银杏的根中分布着不同分子量的营养贮藏蛋白质，有中分子量蛋白和低分子量的蛋白质，且具有一定的变化规律，其动态变化可以分为降解期（1~6 月）和积累期（7~12 月）两个阶段。

其中无论在枝条还是在根系中，银杏 32kDa 和 36kDa 两种具有明显的季节变化规律。

4.4　双向电泳方法的探讨

为了深入研究银杏营养贮藏蛋白质在不同时期的差异表达，探索具有营养贮藏功能的蛋白质，其总蛋白质的提取及双向电泳条件的建立是首要环节。银杏枝条中含有大量的多酚和醌类等次生代谢物质，用常规蛋白提取方法不易去除干净，对双向电泳过程干扰较大，影响了蛋白质的分离效果。本实验探索了银杏枝条韧皮部蛋白质组样品的制备，以及采用固相 pH 值梯度等电聚焦双向电泳分离银杏营养贮藏蛋白质组组分的适宜条件。

样品制备是双向电泳成功分离蛋白质的关键，样品蛋白的纯度和再溶性直接影响 2-DE 的分离结果（何瑞锋等，2000；魏琳等，2006）。银杏枝条富含的酚和醌类物质对蛋白质双向电泳干扰很大，所以样品中这些物质的去除即蛋白质的纯化程度是影响双向电泳效果的关键。笔者采用三氯乙酸/丙酮沉淀法，是将三氯乙酸沉淀法和丙酮沉淀法结合在一起使用，此法比单独使用三氯乙酸沉淀法和丙酮沉淀法更有效，方法简单易掌握，对导致蛋白酶的失活，进而减少蛋白质降解非常有用；同时用丙酮溶液可以清除植物中色素、酚类和醌类等干扰蛋白质等电聚焦的因素，达到满意的聚焦效果，鉴于这一特点，笔者在实验中确定了使用此方法，这也是目前国际上最常用的一种方法（魏琳等，2006）。另外，经丙酮处理后真空干燥过的样品，比鲜样易于保存，在应用中更加方便（钱小红和贺福初，2003）。从电泳结果看，各组分的分离基本没有拖尾现象，横向扩散也很轻微，大小蛋白质组分斑点均清晰可见，分离效果比较理想。

提高蛋白质的上样量有利于低丰度蛋白的检测，但上样量过高可导致高丰度蛋白质斑点掩盖低丰度蛋白质斑点，且样品中含有盐离子，上样量越大盐离子浓度也越大，它将直接影响到等电聚焦时电压的上升，从而影响等电聚焦效果（孙崇荣等，1987）。因此，在双向电泳中样品上样量的大小对电泳过程和结果分析有重要影响。本试验从银杏枝条韧皮部蛋白质的含量、IPG 胶条的 pH 值梯度范围，SDS-PACE 凝胶的浓度及染色方法的灵敏度等角度进行综合考虑，选择蛋白上样量为 900μg/IPG。

在双向电泳分析植物蛋白质时，2-DE 的重复性是这种方法能否获得成功的关键（逯斌和林兵，1989）。从取材、样品制备、蛋白定量、双向电泳、染色脱色到图像分析，其中任何一个环节都有可能造成一些蛋白斑点的不匹配，特别是低丰度蛋白质的重复性更差。为尽可能提高重复性，笔者对各个环节实行了控制和优化。取材上应该选择植物发育程度一致的部位，蛋白质样品的制备需要步骤简单、快速，制作完毕后分装保存在 -20℃；两次电泳过程温度的差异会对实验结果造成一定影响，如蛋白质斑点的拖尾扩散和染色不均匀或有较深的染色背景，为了避免这一现象，实验聚焦时 IPG 温度应保持在 20℃ 条件下，第二向电泳的温控由流动的自来水控制；电泳时间不同也会引起蛋白质斑点迁移，因此笔者在进行第二向电泳时，电极缓冲液现用现配，以减少电泳时间，使各个样本的电泳时间尽可能一致；银染色方法比考马斯亮蓝染色方法的灵敏度高很多（朱友林等，1999），但操作相对复杂，并存在许多干扰因素，本实验室采用考马斯亮蓝染色，操作简便，可以获得无背景或很低的背景，使 2-DE 图谱的可比性得到了提高。

4.5 银杏营养贮藏蛋白质具有糖蛋白质的性质

目前更灵敏的方法是将凝胶印迹后用凝集素检测糖蛋白。凝集素是从植物中提取的一类糖蛋白，它们能识别并选择性的结合特殊的糖，不同的凝集素可以结合不同的糖。将凝胶印迹用凝集素处理，再用连接辣根过氧化物酶的抗凝集素抗体处理，然后再加入过氧化物酶的底物，通过生成有颜色的产物就可以检测到凝集素结合情况。这样凝胶印迹用不同的凝集素检测不仅可以确定糖蛋白，而且可以得到糖基的信息。

蛋白质糖基化是蛋白质翻译后的一种重要加工过程，在肽链合成的同时或合成后，在酶的催化下糖链被接到肽链上的特定糖基化位点。蛋白质 SDS-PAGE 图谱经过碘酸 – Schiff 试剂染色后变成粉红色谱带。蛋白质糖基化的种类主要有 N-糖苷（N-glycan）、O-糖苷（O-glycan）、糖基磷脂酰肌醇（GPI，phosphatidyl insitol glycan）等。机体大多数糖蛋白为具有 N-糖苷的 N-糖蛋白（Helenius and Aebi，2001）。机体对抗原刺激的免疫应答最终均由免疫分子所介导，几乎所有参入天然免疫和获得性免疫中的免疫分子，如免疫球蛋白、细胞因子、补体、分化抗原和黏附分子均属糖蛋白，与免疫分子合成相关的转录分子也都属糖蛋白。蛋白质糖基化影响免疫分子的结构与功能，影响机体对抗原的应答反应，近几年来，糖基化与免疫系统的相关性的研究国际上逐渐受到重视。

在高等真核生物中，细胞表面的糖苷在信号传导、细胞分化以及先天免疫和获得性免疫等中起着关键作用（Wormald and Sharon，2001）。糖苷通常是微生物和病原体识别的靶分子，也是免疫系统识别“自己”与“非自己”等的重要靶分子，机体通过天然免疫识别分子（Pattern Recognition Receptor，PRR）PRR 的膜式识别作用，通过识别糖来介导一些重要的天然免疫功能，糖分子的改变也是机体介导特异免疫应答的重要因素。糖苷在大多数细胞表面构成物理屏障，具有识别、保护、稳定以及屏障作用，如可保护多肽链免受蛋白酶或抗体的识别。糖苷也参与内质网中新合成的多肽链的适当折叠，以及蛋白质的可溶性和空间构型的维持。如果蛋白质不能正确地糖基化，它们则不能正确折叠，或通过内质网而形成成熟的蛋白。糖基化还调节许多蛋白与蛋白之间的相互作用，如生长因子受体（Grow factor receptor，GFR）只有糖基化形式才能结合生长因子，是依赖糖基化形式起作用的，它限制了一些新合成的未成熟 GFR 与细胞内的生长因子的早期结合与相互作用。糖苷即可作为外源性受体的特异配体，也可作为内源性受体的特异配体。同一糖苷在同一机体中还可发挥不同的作用（章晓联，2004）。

通过对银杏不同部位营养贮藏蛋白质糖蛋白的检测，发现银杏营养贮藏蛋白质 32kDa 和 36kDa 两种蛋白质是糖基化的。另外还发现在银杏 SDS-聚丙烯酰胺凝胶内很多蛋白质都染成紫红色，说明糖基化的蛋白在银杏树体内广泛分布着，可能糖基化的蛋白在银杏度过冬季的过程中发挥着重要作用，是否糖基化的蛋白质在增强树体的抗逆性过程起一定作用，还有待于进一步的研究。银杏营养贮藏蛋白质糖基化，说明该蛋白质的糖基化过程在内质网或高尔基体中完成；该蛋白质有可能抵抗外源刺激，起到保护和屏障作用免受病原或机械损害，并及时做出应答，使银杏更好地适应环境。因此，具有蛋白质糖基化性质的银杏营养贮藏蛋白质在抵抗外来刺激和信号传导中发挥着重要的作用。

通过试验分析，发现高分子量的蛋白质在银杏枝条的木质部分布，且当年生枝条木质部中含量要高于二年生枝条的木质部中，在枝条的韧皮部和根中没有表达。即使同一种蛋白质在不同部位表达量也不同，分别于当年生枝条韧皮部中的含量最多，于当年生枝条木质部、二年生枝条韧皮部、二年生枝条木质部和根中依次递减，这与在银杏的年动态变化规律分析中得到的结论相符，产生这种情况的原因可能是因为在银杏的生长发育过程中银杏当年生枝条韧皮部的蛋白质起着特殊重要的作用，银杏营养贮藏蛋白质在枝条的韧皮部积累便于新梢生长发育就近利用相关。由于试验中选取的是 12 月份不同部位的银杏材料，这时银杏基本停止生长，以贮藏为主，也可能是韧皮部的一些低分子量的蛋白逐渐转化为高分子量的蛋白质在木质部中贮藏，在逆境如冻害等胁迫下由木质部运输到韧皮部中发挥抗逆性的作用，内在机理有待于更进一步的研究。

4.6　凝胶不同染色方法的比较

在糖检测试验中，运过碘酸-Schiff 试剂染色，一张凝胶上能发现更多的蛋白质谱带。与考马斯亮蓝 R-250 染色对比，发现了许多特异的蛋白，这可能是蛋白质对不同染色试剂敏感程度不同所致。36kDa 和 32kDa 这两种蛋白质含量高，两种染色都能检测到，而高分子量蛋白质 106.6kDa、98.8kDa、80.0kDa、56.6kDa、51.3kDa 和 45.6kDa 因其含量很少对考马斯亮蓝 R-250 不敏感而不能被检测到。经过碘酸-Schiff 试剂染色，发现在银杏枝条中存在高分子量蛋白 106.6kDa、98.8kDa、80.0kDa、56.6kDa、51.3kDa 和 45.6kDa。

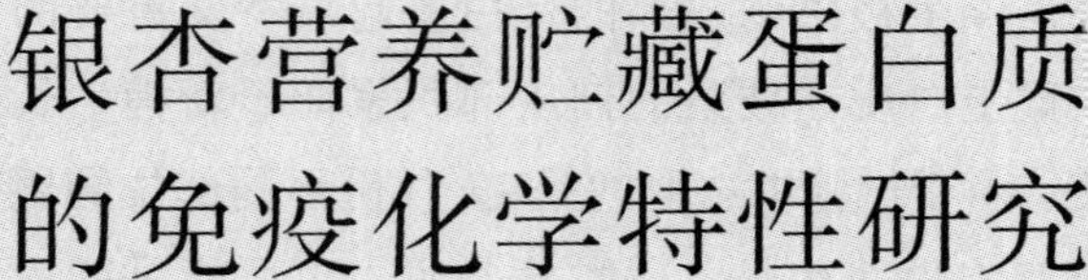

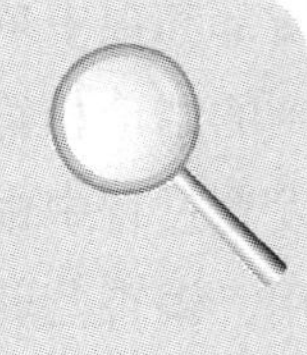

第四章

银杏营养贮藏蛋白质的免疫化学特性研究

1 引言

免疫印迹法已成为研究抗原抗体特异结合的普遍方法，主要应用于医学、病理学、兽医等方面研究（姜秀英和朱江，2006；康振生和黄丽丽，2004；王晓丽等，2005），目前该方法越来越多地应用在植物研究上，主要集中在植物生理功能和抗病生理中起重要作用的蛋白质研究方面（邵敏等，2005；王汉潜等，2004；杨万年，2004）。免疫印迹法在使用粗制抗原的条件下，就能准确地分辨特异与非特异性反应，敏感度和准确度都比较高（杨晓梅等，2004）。特殊蛋白质被发现后，提取抗原，制备抗体，并以翻译水平检测目的基因在转基因植株中的特异表达（陈师勇，2003；姜秀英和朱江，2006；王汉潜，2004）。制备的抗体除应用于检测该蛋白质在某些植物中的特异表达情形外，还可用于该蛋白质结构和功能的研究；并借助于免疫荧光显微镜对蛋白质在病株中亚细胞水平进行定位研究（邵敏等，2005）。木本植物如国槐（*Sophora japonica*）、西洋接骨木（*Sambucus nigra*）、柳树（*Salix microstachya*）及加拿大杨（*Populus canadensis*）等中发现的营养贮藏蛋白质已经通过免疫细胞化学定位法进行了定位（Herman *et al.*，1988；Greenwood *et al.*，1986；Wetzel and Greenwood，1991；Clausen and Apel，1991；Van and Apel，1993；Stepien and Martin，1992）。有关银杏营养贮藏蛋白质 Shim 和 Titus 也做过研究，但均未经过免疫法进行验证，无法确定其是营养贮藏蛋白质降解的中间产物还是营养贮藏蛋白质成分。因此，通过对银杏营养贮藏蛋白质进行免疫细胞化学特性的研究有重要意义。

试验中通过免疫新西兰白兔后采集血样提取抗血清，制备银杏营养贮藏蛋白质的抗体，应用 Western blot 方法鉴定其营养贮藏蛋白质特性，结合胶体金免疫电镜细胞化学定位和间接酶标免疫光镜细胞化学定位，对两种营养贮藏蛋白质进行定位研究。

2 材料与方法

2.1 研究材料

选取南京林业大学树木园内成年健康的银杏，采集健壮枝上的当年生枝条。

2.2 采样方法

详见第三章2.2内容。

2.3 试剂

2.3.1 银杏营养贮藏蛋白质抗体制备试剂

蛋白质提取液：含 2% SDS，5% 巯基乙醇，10% 甘油，0.02%溴酚蓝的 0.01mol/L Tris-HCl（pH 值为 8.0）。

30%丙烯酰胺溶液；

10%丙烯酰胺溶液；

电极缓冲液：0.1% SDS，0.384mol/L 甘氨酸，0.05mol/L Tris（pH 值为 8.3）。

0.25mol/L KCl 染色液；

测定胶粉中抗原（蛋白质）含量使用的染色液：0.05% CBB R-250，25%甲醇，10%冰醋酸。

染料洗脱液：3% SDS 的 50%异丙醇溶液。

牛血清白蛋白；

0.9%的生理盐水；

弗氏完全佐剂；

弗氏不完全佐剂；

蛋白质洗脱缓冲液配方：25mmol/L（3.0g）Tris base，192mmol/L（14.4g）Glycine，0.1%（1.0g）SDS，加水至 1L（4℃保存）（表 4－1）。

表 4－1　SDS-聚丙烯酰胺凝胶电泳分离胶和浓缩胶配方

成分	分离胶 15%（ml）	分离胶 10%（ml）	浓缩胶 4.4%（ml）
超纯水	12	22.4	0.75
30%丙烯酰胺溶液	31.2	20.8	—
10%丙烯酰胺溶液	—	—	2.5
1.5mol/L Tris-HCl（pH 值为 8.8）	15.6	15.6	—
0.5mol/L Tris-HCl（pH 值为 6.8）	—	—	1.25
10% SDS	0.6	0.6	0.05
10% AP	0.6	0.6	0.1
1% TEMED	2.4	2.4	1.0

2.3.2　银杏营养贮藏蛋白质免疫印迹试剂

蛋白质提取液：含 2% SDS，5%巯基乙醇，10%甘油，0.02%溴酚蓝的 0.01mol/L Tris-HCl，pH 值为 8.0。

SDS-聚丙烯酰胺凝胶电泳试剂：详见第三章2.3.2内容。

电转印时转膜缓冲液：

阳极缓冲液I为0.3mol/L Tris，10%甲醇，pH值为10.4；

阳极缓冲液II为25mmol/L Tris，10%甲醇，pH值为10.4；

阴极缓冲液为25mmol/L Tris，40mmol/L甘氨酸，10%甲醇，pH值为9.4。

膜染色液：0.1%考马斯亮蓝R-250，40%甲醇，1%冰乙酸。

膜脱色液：50%甲醇溶液。

免疫印迹（Western blot）试剂：

0.01mol/L磷酸缓冲液（PBS）pH值为7.4：8.0g NaCl，0.2g KCl，1.44g Na_2HPO_4，0.24g KH_2PO_4，加 ddH_2O 至1 000ml。

封被液（5%脱脂奶粉，现用现配）：脱脂奶粉1.0g溶于20ml的0.01mol/L PBS（pH值为7.4）中。

显色液：DAB6.0mg；0.01mol/L PBS（pH值为7.4）10.0ml；H_2O_2 1.0μl。

2.3.3 银杏营养贮藏蛋白质的免疫组织化学定位试剂

（1）胶体金免疫电镜定位试剂：

10% H_2O_2：30% H_2O_2ml与80%甲醇67ml溶液配制；

TBS缓冲液（pH值为7.5）：2.24g Tris，29.2g NaCl，加水定容至1 000ml；

0.1mol/L HCl；

封被液（5%脱脂奶粉）：5g脱脂奶粉溶于100ml TBS缓冲液；

TBST：50μl Tween20溶于50ml TBS缓冲液。

（2）DAB 酶标免疫光镜定位试剂：

TBS 缓冲液；

含 0.1mol/L NH_4Cl 的 TBS 溶液；

含 0.2% Tween20 的 TBS 溶液；

含 10mmol/L 甘氨酸的 TBS 溶液；

5% 脱脂奶粉：将 10g 脱脂奶粉溶于含 10mmol/L 甘氨酸的 TBS 溶液中；

TBST（含 0.02% Tween20 的 TBS 液）：20μl Tween20 溶于 100mlTBS 缓冲液；

3% H_2O_2：10ml 的 30% H_2O_2 与 90ml 的 80% 甲醇配制；

显色液：5mg DAB，溶于 10ml 10mmol/L TBS，pH 值为 7.6，30% H_2O_2 1μl。

2.4 银杏营养贮藏蛋白质抗血清的制备

2.4.1 免疫动物

购买 5 只健康新西兰雄白兔，体重约 1.5kg，1 只作为对照，2 只免疫 32kDa 蛋白质，另外 2 只免疫 36kDa 蛋白质，均购自江苏省农业科学院种兔中心。

2.4.2 可溶性蛋白质干粉的制备

以银杏营养贮藏蛋白质含量相对高的 12 月份的当年生枝条皮层为材料。制备蛋白质干粉。具体制备方法见第三章 2.4 内容。

2.4.3 抗原的分离

用制备性 SDS-PAGE 分离抗原——银杏 32kDa 和 36kDa 两种蛋白质。分离胶的浓度是 15%，上样量以冰冷的 0.25mol/L KCl 染色后能清楚区分出两条蛋白质谱带为准，即 1 600μl。在

80V，30min；300V，3.5h 的电泳条件下分离银杏 32kDa 和 36kDa 两种蛋白质。当溴酚蓝前沿迁移距凝胶底部 1cm 左右结束电泳。剥取凝胶，移入 17cm 培养皿内，用冰冷的 0.25mol/L KCl 染色 5～6min，直至谱带显示出来。在黑色背景和透射的日光灯上，观察放在培养皿中的凝胶，切下目标谱带，分别装于两支 10ml 的离心管中，并做好标记，于 -20℃保存备用。

2.4.4 抗原纯度鉴定

分别取含有银杏 32kDa 和 36kDa 营养贮藏蛋白质的小块凝胶胶条（胶条长度和上样槽的宽度一致），放入凝胶的上样槽中，再次进行 SDS-聚丙烯酰胺凝胶电泳。以低分子量蛋白 Marker 为标准。分离胶浓度为 15%，浓缩胶浓度是 4.4%，用 0.25% 考马斯亮蓝 R-250 染色 2.5h，脱色至背景干净为止。与 12 月当年生枝条的韧皮部的 SDS-聚丙烯酰凝胶电泳的凝胶作对比，呈像，用 BIO-RAD 的单向电泳分析软件进行分析，如果分别在凝胶上 32kDa 和 36kDa 相应位置仅出现一条谱带，则说明 32kDa 和 36kDa 蛋白质纯度达到抗原标准，可以用作免疫的抗原。

2.4.5 凝胶粉中抗原（32kDa 和 36kDa 蛋白质）含量的测定

用 Ball 法（Ball，1986）测定胶粉中抗原（蛋白质）含量。

（1）将牛血清蛋白的母液做适当稀释后，与等体积的上样缓冲液（蛋白质提取液）混合，煮 5min，上样量为 2μg、5μg、8μg、12μg 和 15μg，如表 4-2 所示：

表 4-2 不同浓度的牛血清蛋白的配方

不同浓度的 BSA	H_2O（μl）	BSA 的最终浓度（μg/μl）
0.0015g 的 BSA	1 000.0	1.5
800.0μl 的 BSA（1.5μg/μl）	200.0	1.2
666.7μl 的 BSA（1.2μg/μl）	333.3	0.8

（续表）

不同浓度的 BSA	H_2O（μl）	BSA 的最终浓度（μg/μl）
625.0μl 的 BSA（0.8μg/μl）	375.0	0.5
400.0μl 的 BSA（0.5μg/μl）	600.0	0.2

按上表配方配好后，各取出 100μl，再加 100μl 蛋白质提取液，煮 5min，上样量 20μl，即上样量分别为 2μg、5μg、8μg、12μg 和 15μg。

（2）分别从 -20℃冰箱中取出 32kDa 和 36kDa 蛋白质凝胶条，用液氮磨成粉状，颗粒越小越好。称取一定量的胶粉，加 200μl 蛋白提取液，与牛血清蛋白样品在一张胶上同时进行 SDS-PAGE。分离胶浓度为 10%，浓缩胶浓度 4.4%。当溴酚蓝前沿迁移距凝胶底部 1cm 处终止电泳；

（3）将凝胶剥取，在 15 倍体积的染色液中（0.05% CBB R-250，25% 甲醇，10% 冰醋酸）染色 8h；

（4）用同样体积的脱色液脱色（10% 甲醇，10 冰醋酸）过夜，以背景脱色干净为宜；

（5）切下带有谱带的凝胶，每个样品的凝胶面积要相等，另外切不含谱带的空白背景胶一块，面积与样品相等；

（6）分别将上述凝胶块放入 2ml 的离心管中，加 1ml 染料洗脱液（3% SDS 的 50% 异丙醇溶液），37℃水浴抽提 24h。保温完后，冷至室温；

（7）混匀后吸取 0.5ml 溶液，以空白背景胶的溶液为对照，在 595nm 处比色，测定 OD 值；

（8）做牛血清蛋白的标准曲线，得回归方程，即可算出胶粉中的抗原（蛋白质）含量。

2.4.6 免疫抗原的制备

从 -20℃冰箱中分别取出 32kDa 和 36kDa 蛋白质凝胶条，

称取约1.5 g，在液氮下充分研磨，颗粒尽可能的小。每只家兔注射250μg抗原，其中2只注射32kDa蛋白质，另2只注射36kDa蛋白质。1只作为对照，观察兔子的生长状况，与注射的4只兔子作比较。将胶粉（约含250μg抗原）溶解在0.9%的生理盐水中，与弗氏完全佐剂（加强注射用弗氏不完全佐剂）按1∶1的比例混合均匀，待抗原与溶液充分乳化后方可注射，注射体积为2ml。

2.4.7 免疫途径和方法

采用皮下多点注射进行免疫。注射部位有颈部、背部以及四肢和躯干部相接处的松软皮肤。每点0.1ml。注射前将待注射部位和针头用医用酒精仔细消毒，防止注射部位感染化脓。第一次注射（用生理盐水溶解抗原，再按1∶1比例与弗氏完全佐剂充分乳化）15d后，再加强注射一次（用生理盐水溶解抗原，再按1∶1比例与弗氏不完全佐剂充分乳化），注射抗原量为第一次的1/5；7d后第二次加强注射，注射抗原量为第一次的1/5；7d自耳静脉采血2ml，用双向琼脂扩散试验进行抗血清效价的测定，接着第四次注射（直接用0.9%生理盐水溶解抗原），10d后从心脏采血。将含32kDa和36kDa两种蛋白质抗体的血样以及对照新西兰白兔的血样，在37℃下倾斜静置1h后，于4℃冰箱中放置2h。在室温，4 000r/min条件下离心10min，轻轻取上层清液即抗血清，分别分装于0.5ml的离心管中，作好标签于-20℃保存备用（吕建敏等，2004）。

2.4.8 抗血清效价检测

抗血清经一系列稀释后（如倍比稀释）与一定量的抗原反应，以能检测抗血清最大稀释倍数即为该抗血清的效价（周勇岐，2004；赵斌和何绍江，2002）。

双向琼脂扩散试验：

（1）稀释抗原

用生理盐水梯度稀释抗血清为四个浓度：原液、1/2 原液浓度、1/4 原液浓度、1/8 原液浓度、1/16 原液浓度和 1/32 原液浓度。

（2）制备凝胶（1.5% 琼脂粉凝胶）

在烧杯中混合 100ml 生理盐水与 1.5g 琼脂粉后在电磁炉上加热至琼脂粉完全溶化，烧杯内呈现均匀透明。

（3）铺胶

待溶胶温度降到约 50℃，以手能忍受为准，将琼脂倒入培养皿中，只要充满到角落就好。

（4）打孔

凝胶凝固后用打孔器（中间 1 个孔周边 6 个孔）打孔。

（5）抗血清效价使用的抗原制备

运用 BIO-RAD 胶洗脱仪洗脱蛋白。

用电泳洗脱方法使抗原与凝胶分离。分别把切下的含有纯化抗原银杏 32kDa 和 36kDa 营养贮藏蛋白质的凝胶条在蛋白质洗脱缓冲液中洗脱。

具体操作步骤如下：

①将膜杯，过滤板，硅胶接头，玻璃管在洗脱液中浸泡 1h，全部浸透；

②将以上各配件组装好。过滤板插到玻璃管底部（磨沙面），使底部齐平；将膜杯插入硅胶，装满洗脱液，用移液枪吸取洗脱液以去除透析膜上的气泡；在硅胶接头的上缘向内打入洗脱液，进一步驱赶气泡；

③将洗脱模块的环孔打湿，将玻璃管轻轻插入，确保玻璃管上缘与环孔齐平，将不用的环孔用灰色小帽盖上；

④将上下槽中加入缓冲液，尽量赶走气泡；

⑤设置电流 10mA，洗脱时间 3h；

⑥洗脱完成后关闭电泳仪，打开盖子，取下灰色小帽，将上槽缓冲液漏掉；

⑦轻轻取下玻璃管，小心快速用移液枪吸去玻璃管内的缓冲液，确保在整个过程中过滤板下溶液没有被搅动；

⑧小心取下整个接头和膜杯，用一新枪头，将膜杯内的液体吸出，加入少量新鲜的缓冲液，清洗膜杯后，吸出收集；

⑨将收集的洗脱样品在冷冻干燥仪中浓缩后，置于 4℃ 冰箱中备用。

（6）加样

从 −20℃ 冰箱中取出冷冻的 32kDa 和 36kDa 蛋白质的抗血清，室温下溶解后，一般加在周边的 6 个孔内，取不同稀释度的抗血清加在周边，做好标记 1，其余不同稀释度依次以顺时针的方向加样。抗原溶液用超声波处理 3min 后，加入中间孔，上样量 10μl。

（7）孵育和观察

温盒 37℃ 孵育，在 24h 观察并记录结果。

2.5 银杏 32kDa 和 36kDa 两种蛋白质免疫印迹

具体操作步骤如下：用 DAB 显色。（张吉强等，2003；邵立健等，2002）。

使用 BIO-RAD 电泳仪进行 SDS-PAGE，使用 BIO-RAD 半干式转印仪进行电印迹。

2.5.1 SDS-聚丙烯酰胺凝胶电泳

以蛋白质含量相对高的 12 份的当年生枝条进行该试验。15%

分离胶，4.4% 浓缩胶，60V，10min；160V，1.2h 室温下进行。

2.5.2 半干式转移（Semi-dry transfer）

（1）将 PVDF 膜和滤纸剪成和凝胶相同大小。

（2）将 PVDF 膜在 100% 甲醇中润湿 2～3s，再用超纯水漂洗 2～3min，然后在阳极缓冲液 II 中平衡至少 15min。

（3）电泳结束后将聚丙烯酰胺凝胶在阴极缓冲液中平衡 5min。

（4）在转移槽的阳极板上按以下顺序放置，做好转印三明治，注意不能产生气泡：在阳极缓冲液 I 中浸过的 Whatman 3mm 滤纸，在阳极缓冲液 II 中浸过 Whatman 3mm 滤纸、PVDF 膜、SDS-聚丙烯酰胺凝胶、在阴极缓冲液中浸过的 Whatman 3mm 滤纸。

（5）装好阴极平板，合上安全盖。

（6）接通电源，恒压 20V，转印 30min。转移结束后，断开电源将 PVDF 膜取出，做免疫印迹。将有标准蛋白的膜条染色，放入膜染色液中 50s 后，在 50% 甲醇中多次脱色，至背景干净，然后用双蒸水清洗，风干后夹于两层滤纸中保存，留与显色结果作对比。

2.5.3 免疫反应

（1）用 0.01mol/L PBS 洗膜，5min ×3 次。

（2）加入包被液，平稳摇动，室温 2h。

（3）弃包被液，用 0.01mol/L PBS 洗膜，5min ×3 次。

（4）加入一抗（按 1∶100 稀释比例，用 0.01mol/L PBS 稀释，液体必须覆盖膜的全部），4℃ 放置 12h 以上。阴性对照，以免疫前新西兰白兔血清取代一抗，其余步骤与实验组相同。

（5）弃一抗和免疫前新西兰白兔血清，用 0.01mol/L PBS

分别洗膜，5min ×4 次。

（6）加入辣根过氧化物酶偶联的二抗（按 1∶4 000 稀释比例，用 0. 01mol/L PBS 稀释），平稳摇动，室温 2h。二抗（羊抗兔 IgG-HRP）购自博士德生物工程有限公司。

（7）弃二抗，用 0. 01mol/L PBS 洗膜，5min ×4 次。

（8）加入显色液（显色液必须新鲜配置使用，最后加入 H_2O_2），避光显色至出现条带时放入双蒸水中终止反应。

2. 6　酶标免疫光镜定位

2. 6. 1　脱蜡和水化

脱蜡前，将组织芯片在室温中放置 60min 或 60℃ 恒温箱中烘烤 20min。

普通常规染色所用的梯度二甲苯和酒精与免疫组织化学染色所的梯度二甲苯和酒精分开，并且定期更换液体。在二甲苯脱蜡时，二甲苯 I 和 II 脱蜡时间不少于 30min，梯度酒精各 5min 左右。如在室温较低时，应将梯度二甲苯放于恒温箱中提前预热，梯度酒精时间延长，保证组织的充分脱蜡脱水。

脱蜡：二甲苯 I→二甲苯 II→1/2 二甲苯 + 1/2 酒精→100% 酒精→95% 酒精→85% 酒精→70% 酒精→50% 酒精→30% 酒精→蒸馏水

2. 6. 2　微波抗原修复

①切片脱蜡至水后，3% H_2O_2 处理 10min，蒸馏水洗，2min ×3 次；

②将切片放入盛有 0. 01mol/L 柠檬酸盐缓冲液（pH 值为 6. 0，1 000ml）的容器中，置微波炉内加热使容器内液体温度保持在 92 ~ 98℃之间并持续 10 ~ 15min；

③取出微波塑料缸，冷却 10～20min 至室温。片子经蒸馏水冲洗二次，之后用 TBS（pH 值为 7.5）冲洗，5min×3 次；

④放入含 0.1mol/L NH_4Cl 的 TBS 中 1h，0.2% Tween20 的 TBS 浸洗，5min×3 次；

⑤用含 10mmol/L 甘氨酸的 TBS 浸洗 3 次，每次 5min；浸入含 5% 脱脂奶粉和 10mmol/L 甘氨酸的 TBS 中，室温 1h；

⑥与一抗（1:100 稀释）室温作用 1h（或 4℃ 过夜）。一抗用含 0.02% Tween20、5% 脱脂奶粉和 10mmol/L 甘氨酸的 TBS 稀释；阴性对照以免疫前新西兰白兔为准；

⑦用 TBS（含 0.02% Tween20、5% 脱脂奶粉和 10mmol/L 甘氨酸）浸洗，5min×3 次，与辣根过氧化物酶偶联的二抗（用含 0.02% Tween20、5% 脱脂奶粉和 10mmol/L 甘氨酸的 TBS 稀释）室温作用 1h；

⑧TBST 清洗，5min×2 次，TBS 清洗，5min×2 次；

⑨加 DAB-H_2O_2 显色液显色 3～5min，蒸馏水冲洗，过夜晾干，白胶封片。

2.7 胶体金免疫电镜定位

胶体金免疫电镜定位参考 Moore 和 Staehelin 的方法（1988）。步骤如下：

2.7.1 树脂包埋

银杏侧根用含 0.5% 戊二醛和 4% 多聚甲醛的 0.1mol/L 磷酸盐缓冲液（pH 值为 7.2）室温固定 2h。用 TBS 缓冲液浸洗 3 次，每次 10min。经乙醇系列脱水和环氧丙烷过渡（每步 10min）进入 Epon812 树脂中，4h 后包埋，60℃ 聚合 16h，室温干燥保存。LKB-V 超薄切片机切片，置于有 Formvar 支持膜的 100 目铜网上。

2.7.2　与一抗反应

①载网经 10% H_2O_2 处理 10min 后（黑暗环境中），用 TBST（0.1% Tween20）洗 4 次，每次 5min；

②0.1mol/L HCl 处理 10min，用 TBST 浸洗 5 次，每次 5min；

③在含 5% 脱脂奶粉的 TBS 缓冲液中封闭 1h 后；

④与一抗（1∶8 稀释）在室温下作用 2h；阴性对照以免疫前新西兰白兔血清为准。

2.7.3　与二抗反应

①TBST 冲洗 4 次，每次 5min，与二抗（带胶体金的羊抗兔免疫球蛋白，胶体金直径 10nm，购自 Sigma 公司）（1∶4 稀释）在室温下作用 1h；

②TBST 洗 4 次，每次 5min；

③醋酸铀染色 10min，柠檬酸铅染色 6min；

④用 JEM100CX-II 透射电镜观察和照像。

3　结果与分析

3.1　银杏营养贮藏蛋白质抗体制备的分析

抗原是指能刺激机体产生抗体和致敏淋巴细胞，并能与之结合引起特异性免疫反应的物质。抗原分子表面具有特殊构型的、有免疫活性的化学基团，称为抗原决定簇。抗体是在抗原刺激下产生，并能与抗原特异性结合的免疫球蛋白，一个抗体分子上有两个可变区，此可变区决定了每种抗原决定簇均有其对应的一种抗体。抗血清是针对某种抗原不同抗原决定簇的抗体混合物，一般从经免疫动物的血清中获得，因此称抗血清。

抗原决定簇与其对应的抗体结合，形成抗原抗体复合物，这是一个一对一的反应过程，具有高度的物异性。所有血清学反应都是以此为基础的，因此具有高度的特异性，琼脂凝胶免疫扩散试验也不例外，同样具有高度特异性。

一种抗原往往具有多种抗原决定簇。不同抗原可能存在相同的抗原决定簇。同一种抗体分子与不同抗原中存在的与该体抗体相对应的相同抗原抗原决定簇之间的反应就是血清学反应中的交叉反应。应当注意，这种交叉反应也是特异性的，而且是血清学反应所固有的。琼脂扩散试验同样也存在一定的交叉反应。因此，琼脂扩散试验的特异性还依赖于抗原或抗体的纯度。提供具有高纯度和高特异性的抗原或抗血清，对琼脂扩散试验的特异性是至关重要的。

3.1.1 银杏营养贮藏蛋白质抗原的制备

图4－1中银杏营养贮藏蛋白质抗原的制备图是用考马斯亮蓝R-250（CBBR-250）染色的图谱。在试验中银杏营养贮藏蛋白质的制备图是用KCl染色的，只有在黑色背景和透射的日光灯上才能观察到。因此通过与前期的考马期亮蓝染色图谱作比较，能比较容易在KCl染色的凝胶上发现并确定目标谱带，即银杏36kDa和32kDa两种营养贮藏蛋白质。

以银杏营养贮藏蛋白质含量相对高的12月份和1月份的枝条来遴选制备抗原的材料。从SDS-聚丙烯酰胺凝胶电泳图谱中看出，12月份当年生枝条的木质部的36kDa和32kDa两种蛋白质图谱颜色浅于12月份当年生枝条的韧皮部图谱的颜色，说明12月份当年生枝条韧皮部36kDa和32kDa两种蛋白质含量高于木质部中的含量。1月份当年生枝条韧皮部、当年生枝条木质

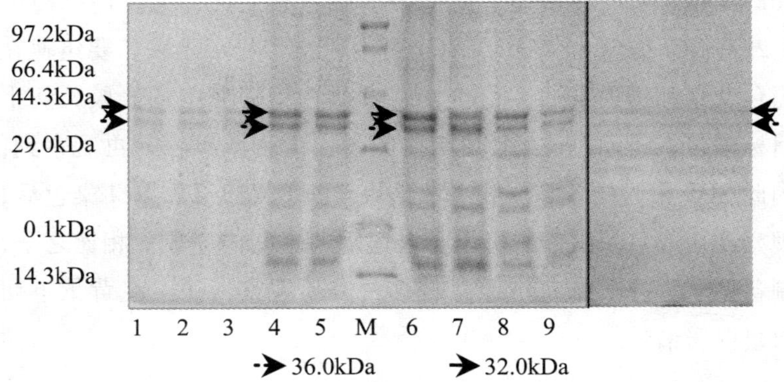

图 4－1　银杏营养贮藏蛋白质抗原的制备图

Figure 4－1　Preparation of Vegetative Storage Proteins of 32kDa and 36kDa in *Ginkgo biloba* L.

注释：图 4－1，M 表示 Protein Marker，1，2，3 为 12 月份当年生枝条的木质部三个重复样；4，5 为 12 月份当年生枝条的韧皮部两个重复样；6 为 1 月份当年生枝条的韧皮部样；7 为 1 月份当年生枝条的木质部样；8 为 1 月份二年生枝条的韧皮部样；9 为 1 月份二年生枝条的韧皮部样。

部、二年生枝条韧皮部和二年生枝条木质部的 SDS-聚丙烯酰胺凝胶电泳图谱的颜色也是逐渐变浅，说明其含量依次减少。从图中我们能发现 12 月份和 1 月份的韧皮部中 36kDa 和 32kDa 两种蛋白质图谱颜色深，含量高，而且二者能明显分开，表现为两条清楚的谱带。综合以上的分析，选择 12 月份的枝条的韧皮部来制备抗原。

采用制备型 SDS-聚丙烯酰胺凝胶电泳进行抗原制备。从图 1 中能观察到，制备性 SDS-聚丙烯酰胺凝胶电泳中 36kDa 和 32kDa 两条蛋白质谱带的位置与普通 SDS-聚丙烯酰胺凝胶电泳中这两种蛋白质的谱带位置一致。采用制备型凝胶电泳制备抗原是可行的。之所以采用制备型电泳制备抗原的另一原因，用普通电泳一次制备抗原量少，不易观察，且切取每条涌道中

36kDa 和 32kDa 两条蛋白质谱带步骤繁琐，误差大。用冰冷的 0.25M KCl 染色 5 ~ 6min，直至蛋白质谱带显示出来，要迅速在黑色背景和透射的日光灯上，观察放在培养皿中的凝胶，切下目标谱带。时间过长，KCl 染色的蛋白谱带就不容易再观察到，因此 SDS-聚丙烯酰胺凝胶电泳结束，经 0.25mol/L KCl 染色后，观察和切取目的谱带的工作要在很短的时间内完成。相比之下，制备型电泳一次制备抗原量较多，容易观察，便于在背景下切取蛋白质谱带。

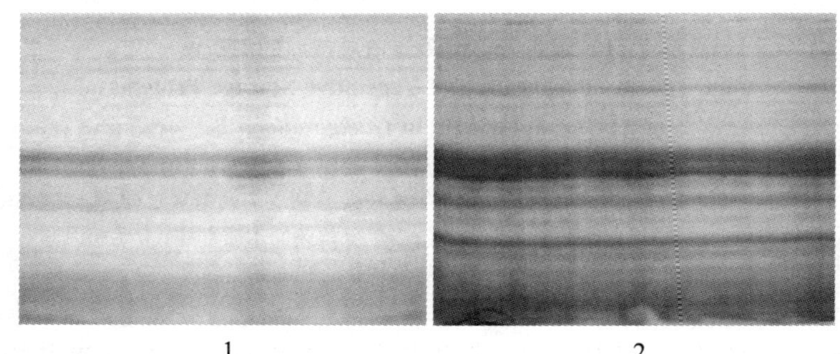

1　　　　　　　　　　2

图 4 – 2　银杏营养贮藏蛋白质上样量的比较图

Figure 4 – 2　Comparison of sampling volume of Vegetative Storage Proteins in *Ginkgo biloba* L.

注释：图 4 – 2 中 1，2 分别代表上样量为 1 600μl，2 000μl。

蛋白质的上样量对 SDS-聚丙烯酰胺凝胶电泳很关键，对于制备抗原的制备型电泳来说更是这样。在银杏营养贮藏蛋白质抗原的制备过程中，上样过少制备的抗原量少，浓度小，达不到注射抗原的要求；上样量过多制备抗原量多，浓度也大，但经染色后，银杏 32kDa 和 36kDa 蛋白质两条谱带之间有重叠部分，难于明显区分（如图 4 – 2 中 2 所示），不利于针对性地切取目的谱带，这样制备得到的抗原纯度不够，重新进行电泳有杂带，不能用作注射抗原。只有确定适宜的上样量，经 SDS-聚丙烯酰胺凝胶电泳，才能得到浓度大又易区分的银杏 32kDa 和 36kDa 蛋白质抗原，如图 4－2 中 1 所示，银杏营养贮藏蛋白质的上样量为 1 600μl 时，经 KCl 染色后，在黑色背景和透射的日光灯上能明显观察到清晰的两条谱带，便于切取目的胶条。

3.1.2 抗原纯度鉴定

经制备型 SDS-聚丙烯酰胺凝胶电泳后，分别切取经冰冷 KCl 染色的 32kDa 和 36kDa 凝胶条，再次进行单向电泳，经考马斯亮蓝染色后，发现在凝胶中两条不同涌道中仅出现一条谱带，没有杂带，如图 4－3 所示。经 BIO-RAD Quantity one 软件分析，两条谱带蛋白质分子量分别为 36. 14kDa 和 31. 50kDa，这与要求的银杏营养贮藏蛋白质 36kDa 和 32kDa 是一致的。试验证明用制备型 SDS-聚丙烯酰胺凝胶电泳制备的抗原 36kDa 和 32kDa 是单条带，纯度达到注射抗原的标准，可以用作免疫新西兰白兔的抗原。

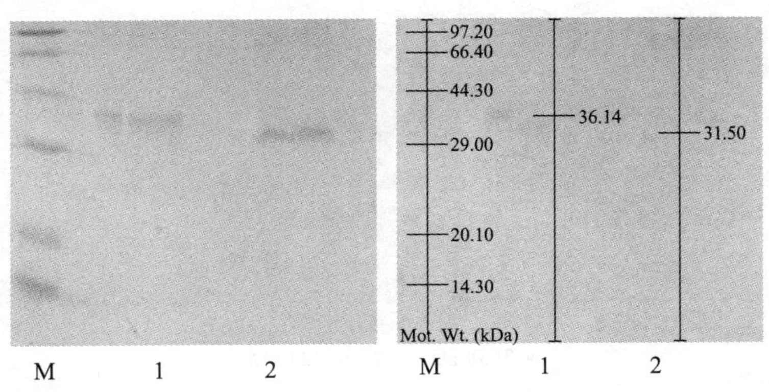

图 4－3 银杏营养贮藏蛋白质抗原纯度检验图

Figure 4－3 Testing for Vegetative Storage Proteins purity of 32kDa and 36kDa in *Ginkgo biloba* L.

注释：M 代表 Protein marker，1，2 分别代表银杏 36kDa 和 32kDa 营养贮藏蛋白质。

3.1.3 凝胶中抗原（32kDa 和 36kDa 蛋白质）含量的测定

注射抗原时，必须确定抗原的注射量，从而决定注射抗原的次数及每次注射抗原量。如果抗原浓度太低，不能满足抗原注射要求，则需要重新制备抗体；如果抗原浓度高，就要根据免疫学原则设计免疫兔子的次数；反之如果抗原浓度低但满足注射要求时，则要相应增加注射次数。

如图 4 –4 所示，将 32kDa 和 36kDa 两种营养贮藏蛋白质的

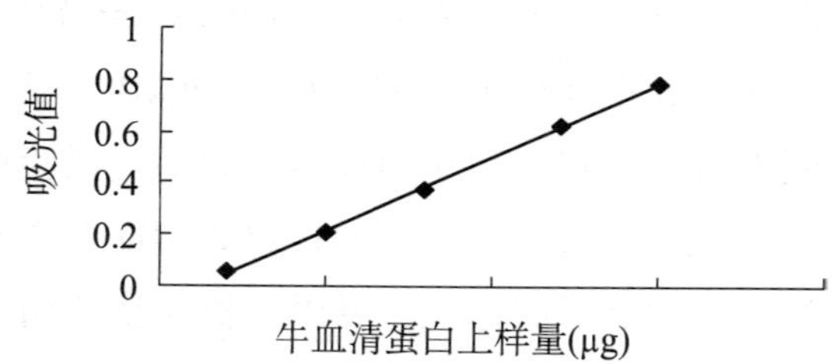

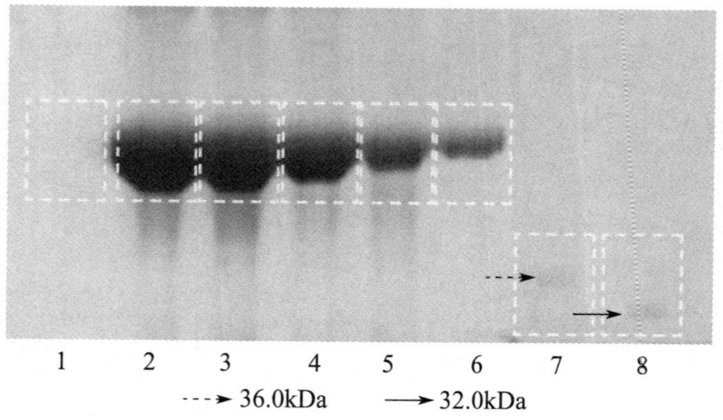

图 4 –4 银杏营养贮藏蛋白质抗原含量测定图

Figure 4 –4 The antigen content of Vegetative Storage Protein of 32kDa and 36kDa in *Gmkgo btloba* L.

注释：1 为空白对照，2 ~6 为上样量分别显 15μg，12μg，8μg，5μg 和 2μg 的牛血清蛋白，7 为 36kDa 蛋白质，8 为 32kDa 蛋白质。

凝胶条与牛血清蛋白在同一张凝胶上进行 SDS-聚丙烯酰胺凝胶电泳。在测定含量时，切取凝胶条的面积要保证相等，减少误差。通过 Ball 法，测定了银杏 32kDa 和 36kDa 两种营养贮藏蛋白质抗原的含量，在制标准曲线的基础上，得回归方程 $y = 0.057x - 0.0654$，$R^2 = 0.9984$。重复三次，算出胶粉中的抗原（蛋白质）含量约 180μg/g。

3.1.4 抗血清效价检测

依据琼脂凝胶扩散试验来检验抗血清的浓度，即抗血清效价检测。

试验在中间孔加入抗原，四周加不同浓度的抗血清。如图 4－5所示，在中间孔和四周孔之间形成免疫沉淀线，抗血清稀释度为原抗血清浓度的 1/128 时仍能形成免疫沉淀线，抗体水平较高，抗血清效价为 128（萨姆布鲁克勤克等，1993）。

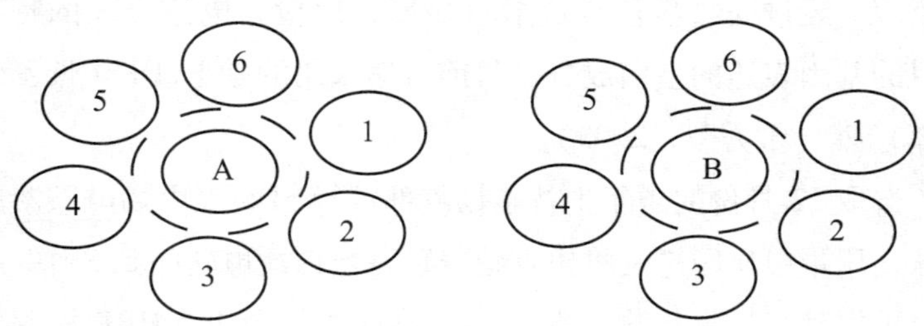

图 4－5 琼脂双向扩散试验示意图

Figure 4－5 doubled agar gel diffusion experiment diagram

A 图：A 为 32kDa 蛋白质抗原，1～6 指不同稀释度的抗血清。

B 图：B 为 36kDa 蛋白质抗原，1～6 指不同稀释度的抗血清。

3.2 银杏营养贮藏蛋白质的免疫印迹分析

印迹法（blotting）是指将样品转移到固相载体上，而后利用相应的探测反应来检测样品的一种方法。1975 年，Southern

建立了将 DNA 转移到硝酸纤维素膜（NC 膜）上，并利用 DNA-DNA 杂交检测特定的 DNA 片段的方法，称为 Southern 印迹法。而后人们用类似的方法，对 RNA 和蛋白质进行印迹分析，对 RNA 的印迹分析称为 Northern 印迹法，对单向电泳后的蛋白质分子的印迹分析称为 Western 印迹法，对双向电泳后蛋白质分子的印迹分析称为 Eastern 印迹法（于善谦等，1999）。

免疫印记法（Western blot），也称作蛋白质印记技术：采用的是聚丙烯酰胺凝胶电泳，被检测物是蛋白质，“探针”是抗体，“显色”用标记的二抗。经过 SDS-PAGE 分离的蛋白质样品，转移至固相载体（如 PVDF 膜、硝酸纤维素薄膜）上，固相载体以非共价键形式吸附蛋白质，且能保持电泳分离的多肽类型及其生物学活性不变。以固相载体上的蛋白质或多肽作抗原，与对应的抗体起反应，再与酶或者同位素标记的第二抗体起反应，经过底物显色或放射自显影，以检查电泳分离的特异性目的基因表达的蛋白成分。目前普遍采用的是 PVDF（聚乙烯二氟）膜（黄秀梨，2003）。

选取 12 月份的当年生枝条韧皮部进行 SDS-聚丙烯酰胺凝胶电泳，用蛋白质印迹法将银杏营养贮藏蛋白质电转印到 PVDF 膜上，再用辣根过氧化物酶偶联的二抗即羊抗兔 IgG-HRP 检测银杏 32kDa 和 36kDa 两种营养贮藏蛋白质，经 DAB 显色进行观察。

3.2.1 银杏当年生枝条韧皮部营养贮藏蛋白质免疫印迹分析

抗原分子表面具有特殊构型的、有免疫活性的化学基团，称为抗原决定簇。一种抗原往往具有多种抗原决定簇。不同抗原可能存在相同的抗原决定簇。同一种抗体分子与不同抗原中存在的与该抗体相对应的相同抗原决定簇之间的反应就是血清学反应中的交叉反应。抗原决定簇与其对应的抗体结合，形成抗原抗体复合物，这是一个一对一的反应过程，具有高度的物异性。

利用制备的多克隆抗体检验银杏营养贮藏蛋白质的方法可行。12 月份当年生枝条韧皮部的样品分别经 32kDa、36kDa 蛋白的抗体免疫后，经 DAB 染色，观察到不同的结果。从图 4－6－1，图 4－6－2 中可以看出，免疫前新西兰白兔血清与银杏营养贮藏蛋白质的反应后，再与二抗羊抗兔 IgG-HRP 反应，DAB 显色液显色后，在图谱中未曾检测到谱带。根据抗原抗体结合形成复合物的原理，证明免疫前血清与银杏营养贮藏蛋白质之间没有相关性，没有发生免疫反应，不能形成复合物，说明所制备的银杏营养贮藏蛋白质的抗体纯度达到要求，该血清可以用来进行免疫反应。而图 4－6 中第三和第四张图中能观察到谱带，说明本试验操作可行。

银杏 36kDa 营养贮藏蛋白质抗体与其抗原发生免疫反应，特异性结合。如图 4－6－3 所示，12 月份当年生枝条韧皮部的样品经银杏 36kDa 营养贮藏蛋白质的抗体免疫后，再与羊抗兔 IgG-HRP 二抗反应，经 DAB 显色后，在图谱中 36kDa 蛋白质位置存在明显谱带，而在其他位置几乎不出现谱带。根据抗原抗体反应原理，36kDa 蛋白质抗体与银杏 36kDa 营养贮藏蛋白质发生了很强的免疫反应，形成抗原抗体复合物，说明二者存在高度特异性。同时在 32kDa 位置隐约出现一条谱带，谱带颜色很浅，这说明银杏 36kDa 营养贮藏蛋白质的抗体与银杏 32kDa 蛋白质存在很弱的免疫反应。在图谱中还可以观察到 15kDa 和 18kDa 蛋白谱带，说明银杏 36kDa 营养贮藏蛋白质与 15kDa 和 18kDa 蛋白之间有交叉反应，也就是说银杏 36kDa 营养贮藏蛋白质与 15kDa 和 18kDa 蛋白质分子中存在相同的抗原决定簇。

银杏 32kDa 营养贮藏蛋白质抗体与 32kDa 和 36kDa 两蛋白质均能发生免疫反应，与其特异性结合，说明银杏这两种营养贮藏蛋白质具有相同的抗原决定簇。如图 4－6－4 所示，银杏 32kDa 营养贮藏蛋白质的抗体免疫 12 月份当年生枝条韧皮部的样品经后，再与辣根过氧化物酶偶联的二抗-羊抗兔 IgG-HRP 反应，DAB 显色液显色后，在 PVDF 膜的图谱上观察到 45kDa、36kDa、32kDa、28kDa、23kDa、18kDa 和 15kDa 分子量的蛋白谱带。与银杏 36kDa 营养贮藏蛋白质的抗体免疫的样品相比，图谱中能观察到的谱带明显增多。在 32kDa 和 36kDa 位置均出现明显条带，这种现象说明银杏 32KDa 营养贮藏蛋白质的抗体与银杏 32kDa 和 36kDa 两种蛋白质分子内存在相似或相同的抗原决定簇，产生交叉反应，从而形成抗原抗体复合物，反映在图谱中是形成两条明显的谱带。在整个图谱中其他位置出现谱带，说明银杏 32KDa 营养贮藏蛋白质的抗体分子与 45kDa、36kDa、32kDa、28kDa、23kDa、18kDa 和 15kDa 这些蛋白质分子间存在相同的抗原决定簇，有很强的免疫相关性，而发生免疫反应。

从图 4－6 中的 5 可以观察到，12 月份蛋白样品及标准蛋白电转印到 PVDF 膜上，经 50% 考马斯亮蓝染色，发现转印后样品的谱带及蛋白 Marker 的 6 条带清晰可见，说明转印效率高，转印成功。以此图与银杏 32kDa 和 36kDa 营养贮藏蛋白质的抗体免疫过的样品（图 4－6 中 3 和 4）作对照，来检验免疫后抗原抗体复合物形成的位置是否与未免疫的银杏营养贮藏蛋白质的位置一致。

图 4－7 中可以清楚地观察到，图 4－7－1 的 36kDa 位置是一条很清晰的条带，在 32kDa 位置存在一条颜色特别浅的条带；图 4－7－2 的 36kDa 和 32kDa 位置均出现一条很清晰的条带。

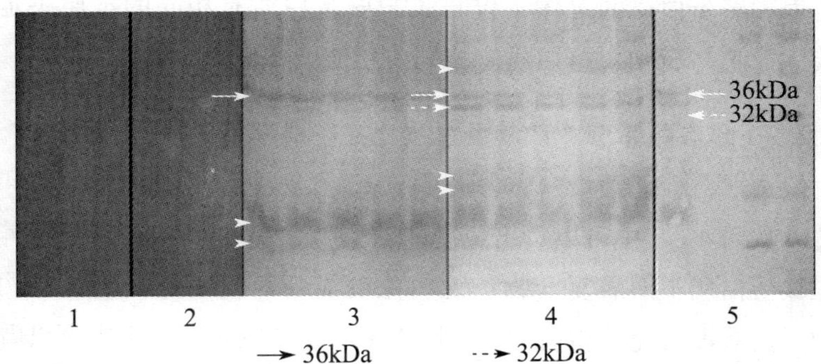

图 4-6　银杏枝条营养贮藏蛋白质免疫印迹图谱

Figure 4-6　Western blot of Vegetative Storage Protein in branches of *Ginkgo biloba* L.

注释：图 4-6 中 1，2 分别指用免疫前新西兰白兔血清检测银杏营养贮藏蛋白质的免疫印迹图，3 指经 36kDa 蛋白的抗体免疫的 12 月的样品，4 指经 32kDa 蛋白的抗体免疫的 12 月的样品，5 指未经抗体免疫的标准蛋白。

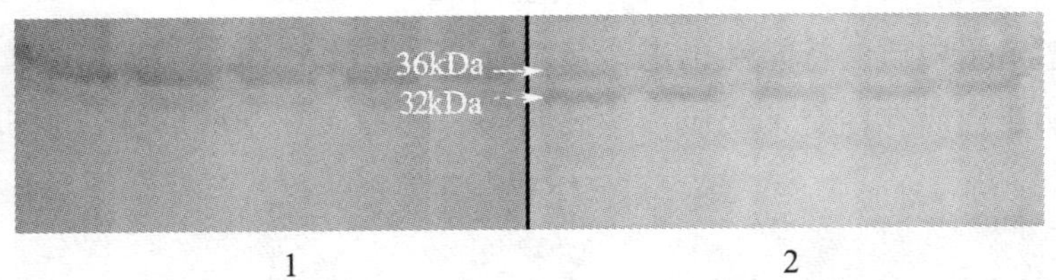

图 4-7　银杏 32kDa 和 36kDa 两种营养贮藏蛋白质免疫印迹图谱

Figure 4-7　Western blot of Vegetative Storage Protein of 32kDa and 36kDa in *Ginkgo biloba* L.

注释：图 4-7 中 1 指经 36kDa 蛋白的抗体免疫的 12 月的样品中的 36kDa 蛋白，2 指经 32kDa 蛋白的抗体免疫的 12 月的样品 32kDa 和 36kDa。

两组图反映了银杏 36kDa 营养贮藏蛋白质的抗体有较强的特异性，与 32kDa 蛋白质只存在很弱的交叉反应，说明银杏 36kDa 营养贮藏蛋白质的抗体分子与 32kDa 蛋白质分子间几乎没有相同的抗原决定簇。而银杏 32kDa 营养贮藏蛋白质的抗体与 36kDa 蛋白质免疫相关性强，存在很强的交叉反应，这说明银杏 32kDa

营养贮藏蛋白质的抗体不仅与32kDa蛋白质有相同的抗原决定簇，而且与36kDa蛋白质有相同或相似的抗原决定簇。

3.2.2　银杏根系营养贮藏蛋白质免疫印迹分析

选取营养贮藏蛋白质含量多的12月份根系材料进行免疫印迹。从图4－8中可以看出免疫前新西兰白兔血清与银杏根营养贮藏蛋白质不形成复合物，说明免疫前新西兰白兔血清与这两种蛋白质没有免疫相关性。从图4－8－3和图4－8－4中可以看出，分别在36kDa和32kDa的位置出现两条单一条带，说明银杏36kDa和32kDa两种营养贮藏蛋白质抗体与其对应的抗原结合，形成特殊专一的结合物。同时，也说明银杏36kDa和32kDa两种营养贮藏蛋白质在根中有表达。与枝条中的免疫反应对比可以发现，银杏两种营养贮藏蛋白质在枝条和根中的表达不完全一致。根中36kDa营养贮藏蛋白质特异性更强，32kDa营养贮藏蛋白质的特异性也进一步增强，几乎不在与36kDa营养贮藏蛋白质存在交叉反应，这说明同一种物质在不同的部位很可

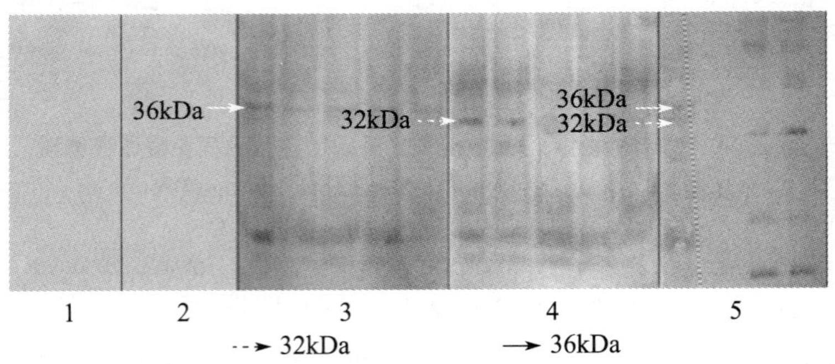

图4－8　银杏根营养贮藏蛋白质免疫印迹图谱

Figure 4－8　Western blot of Vegetative Storage Protein in roots of *Ginkgo biloba* L.

注释：图4－8中1，2分别指用免疫前新西兰白兔血清检测银杏营养贮藏蛋白质的免疫印迹图，3指经36kDa蛋白的抗体免疫的12月的样品，4指经32kDa蛋白的抗体免疫的12月的样品，5指未经抗体免疫的标准蛋白。

能有不同的表达。观察图 4－8－3，还可以发现银杏 36kDa 和 32kDa 营养贮藏蛋白质与其他一些高分子量如 43.7kDa 和 40.2kDa 蛋白质形成结合物，与一些低分子量如 17.8kDa、15.5kDa、14.5kDa 和 12.8kDa 蛋白质形成复合物，在图谱中相应位置呈现出条带。与 36kDa 蛋白质免疫形成的复合物比 32kDa 营养贮藏蛋白质形成复合物少，说明 36kDa 营养贮藏蛋白质与其他分子量的蛋白质形成的交叉反应少。32kDa 营养贮藏蛋白质与 43.7kDa、40.2kDa、17.8kDa、15.5kDa、14.5kDa 和 12.8kDa 均能形成复合物而呈现出条带，说明 32kDa 营养贮藏蛋白质与这些分子量的蛋白质具有相同的抗原决定簇。

3.3 银杏营养贮藏蛋白质免疫组织化学定位分析

3.3.1 36kDa 和 32kDa 两种营养贮藏蛋白质的酶标免疫光镜细胞化学定位

选取 12 月份当年生枝条进行酶标免疫光镜细胞化学定位。用免疫前的新西兰白兔血清处理的光镜片为对照，分别以 32kDa 和 36kDa 两种营养贮藏蛋白质的抗血清（一抗）处理样品，将辣根过氧化物酶偶联的二抗与一抗反应，经孵育后，通过观察显色物对银杏 32kDa 和 36kDa 两种营养贮藏蛋白质进行定位。

用银杏 32kDa 和 36kDa 两种营养贮藏蛋白质的抗血清处理枝条光镜片，均能观察到被染成褐色的物质，表明这两种分子量的蛋白质确实存在于银杏的枝条中。从图 4－9 中 DAB 显色的光镜片可以看出，用免疫前的新西兰白兔血清处理的光镜片中，没有发现显色物质（图 4－9－1）。用 36kDa 抗血清处理的光镜片中可以看到，在枝条的皮层韧皮薄壁细胞中存在大量被染成褐色的内含物（图 4－9－2），这些物质就是贮藏蛋白质细胞的液泡内含物（图 4－9－3 和图 4－9－4）。从图中可以看出多个

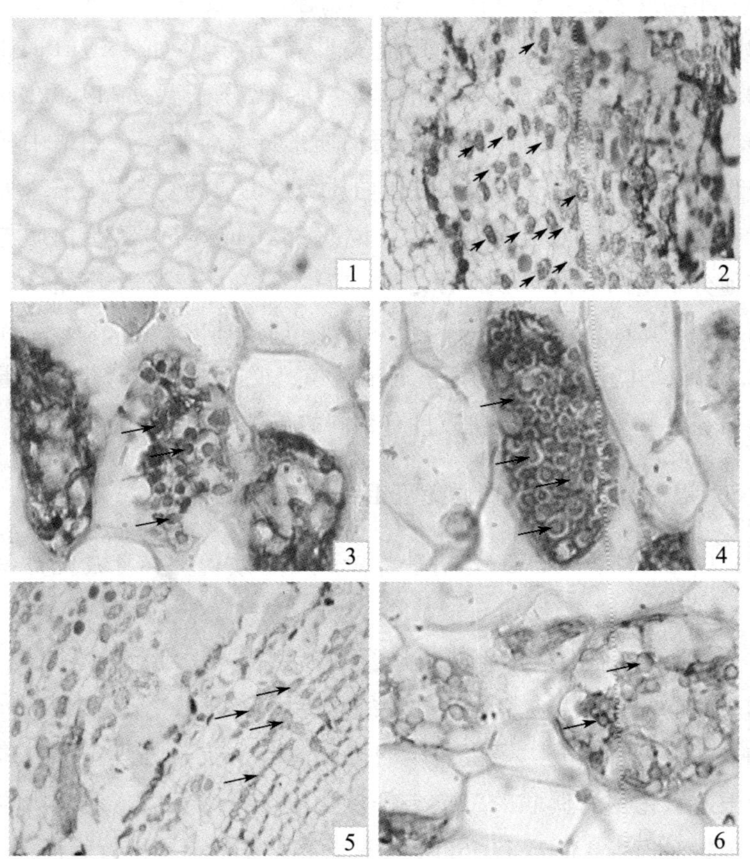

图 4-9 银杏枝条 32kDa 和 36kDa 蛋白质的光镜免疫细胞化学定位

Figure 4-9 The immunocytochemistry localization of 32kDa and 36kDa Vegetative Storage Protein in branches of *Ginkgo biloba* L.

图版注释：1 示免疫前血清处理，×400；2 示 36kDa 营养贮藏蛋白质抗血清处理，营养贮藏蛋白质分布于枝条的韧皮部，团粒状物质为被标记的 36kDa 营养贮藏蛋白质，×40；3~4 分别示 36kDa 营养贮藏蛋白质抗血清处理，被标记的 36kDa 营养贮藏蛋白质存在于细胞不同的液泡中，×1k；5 示 32kDa 营养贮藏蛋白质抗血清处理，×40；6 示 32kDa 营养贮藏蛋白质抗血清处理，×1k；箭头示被 DAB 染成褐色的蛋白质。

液泡分散在某一个细胞中，液泡内含物聚集在一起，被均一染色，说明枝条中36kDa营养贮藏蛋白质含量丰富。用32kDa抗血清处理的光镜片中可以看到被染成褐色的液泡内含物（图4-9-6），说明32kDa营养贮藏蛋白质存在于枝条中。但染色程度浅于36kDa蛋白质，且32kDa蛋白质分布没有36kDa蛋白质紧密，表明36kDa营养贮藏蛋白质比32kDa营养贮藏蛋白质在枝条中含量丰富。

3.3.2 36kDa和32kDa两种营养贮藏蛋白质的胶体金电镜免疫细胞化学定位

免疫细胞化学定位的方法被众多研究者应用（康振生和黄丽丽，2004；吴华莉等，2004；王晓丽等，2005；杨万年等，2004；赵会敏等，2004）。本试验选取10月份的根进行胶体金免疫电镜细胞化学定位。用免疫前的新西兰白兔血清处理的电镜片为对照，分别以32kDa和36kDa两种营养贮藏蛋白质的抗血清（一抗）处理样品，将胶体金偶联的二抗与一抗反应，经孵育后，通过观察胶体金颗粒对银杏32kDa和36kDa两种营养贮藏蛋白质进行定位。

用银杏32kDa和36kDa两种营养贮藏蛋白质的抗血清处理侧根电镜片，均能观察到胶体金，表明这两种分子量的蛋白质均被胶体金颗粒标记，这就说明银杏32kDa和36kDa两种营养贮藏蛋白质分布于根中。用免疫前的新西兰白兔血清处理的电镜片中，没有发现胶体金颗粒（图4-10-1）。通过36kDa营养贮藏蛋白质抗血清处理的电镜片，能观察到在根的液泡中局部密集分布着胶体金颗粒（图4-10-3和图4-10-4）；用32kDa营养贮藏蛋白质抗血清处理的电镜片中，则有一些胶体金颗粒零星分散着在液泡内（图4-10-2），这表明32kDa和36kDa两种营养贮藏蛋白质在根中均有表达，但32kDa营养贮藏蛋白质远没有 36kDa 营养贮藏蛋白质在根中分布量多。

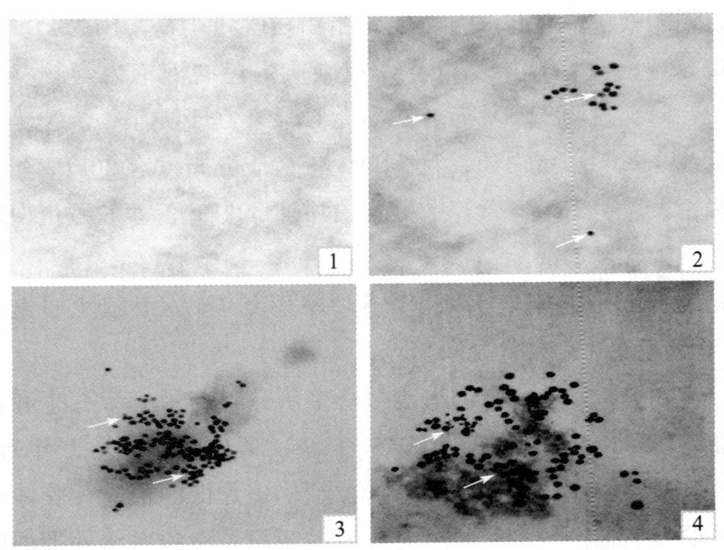

图 4－10 银杏根系 36kDa 和 32kDa 蛋白质的电镜免疫细胞化学定位

Figure 4－10 The immunocytochemistry localization of 36kDa and 32kDa Vegetative Storage Protein in roots of *Ginkgo biloba* L.

图版注释：1 示免疫前血清处理，×35k；2 示 32kDa 营养贮藏蛋白质抗血清处理，液泡中贮藏蛋白质被胶体金标记，×100k；3～4 分别示 36kDa 营养贮藏蛋白质抗血清处理，液泡中贮藏蛋白质被胶体金标记，×1k；箭头示胶体金颗粒。

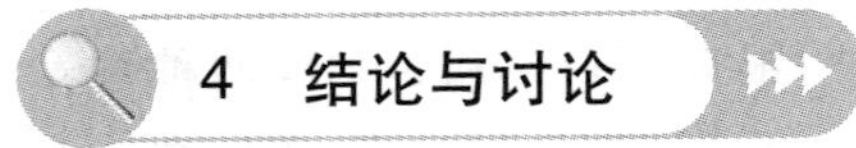

4 结论与讨论

4.1 银杏营养贮藏蛋白质抗体获得

本研究运用制备型 SDS-聚丙烯酰胺凝胶电泳分离并制备了 32kDa 和 36kDa 两种营养贮藏蛋白质，抗原的含量为……再利用纯化的银杏 32kDa 和 36kDa 两种营养贮藏蛋白……分别做 4 次免疫新西兰大白兔，采血提取抗血清后，双向琼脂免疫扩散试验检测，在抗原与抗体间形成免疫沉淀线，抗血清效价128，成功制备了银杏32kDa和36kDa两种营养贮藏蛋白质的多克隆抗体。

凝胶中抗原—抗体沉淀反应最早于1905年为研究利泽甘氏现象而首先应用。1932年将本方法应用于鉴定细菌菌株，但当时在凝胶中出现的沉淀带仍被认为是利泽甘氏现象。1946年Oudin在试管中进行了免疫扩散试验，对抗原混合物进行分析。1948年Elek和Ouchterlony分别建立了琼脂双向双扩散法，可以同时鉴定、比较两种以上抗原或抗体，并相继研究了免疫扩散的理论依据，使免疫化学分析技术向前迈进了一大步。

随着科学技术的进步，免疫扩散法与其他技术结合产生了许多新的技术，如免疫电泳、免疫液流电泳、酶免疫扩散等，使之在生物学和医学等领域得到更广泛的应用。应该注意的是：无论是在定量或定性试验中，只有在抗血清中存在足够浓度的抗体情况下才能检出抗原，反之亦然。

抗原和抗体的分子量一般都在20万Da以下，在凝胶中从高浓度区域向低浓度区域扩散时所受的阻力很小，基本上呈自由扩散形式。由于不同抗原分子的分子量、结构、形状和电荷量不同，因此其扩散系数不同，在凝胶中扩散速度也就不同。当抗原与相应抗体经扩散后在凝胶中相遇，形成抗原抗体复合物，若两者在相遇时比例适当，则形成最大的复合物。由于复合物的分子量增大，颗粒增大，因而不再继续扩散而产生沉淀，呈现出线状或带状，这种的沉淀就形成了一个“特异性屏障”，凡在免疫学上与其相同的抗原或抗体分子不能通过，而与其性质不同的那些分子可以通过这个屏障而继续扩散，直到形成它们自己的复合物为止。这样，不同抗原所形成的沉淀各有各的位置，从而有可能将混合物分离开来，进行比较研究。此种反应称为琼脂凝胶扩散，或琼脂扩散，或免疫扩散，其形成的线状或带状的“特异性屏障”称为免疫沉淀线或免疫沉淀带，简称沉淀线或沉淀带。

在双向免疫扩散试验中，中间的孔中加入的抗原经过超声波处理后，抗原与抗体间能形成免疫沉淀线，未经超声波处理的二者之间不能形成沉淀线。超声波可能有特殊的作用。

自从 Shim 和 Titus（1985）在银杏中首次发现银杏 40kDa 和 45kDa 营养贮藏蛋白质外，尚未用免疫化学定位的方法进一步验证，因此该结论有待于进一步验证。本研究在成功制备银杏 32kDa 和 36kDa 两种营养贮藏蛋白质的多克隆抗体后，该抗体可应用于研究银杏 32kDa 和 36kDa 营养贮藏蛋白质结构与功能相关的多个方面：①通过免疫荧光检测，可以检测银杏 32kDa 和 36kDa 营养贮藏蛋白质在转基因植物中的分布。Western blot 分析银杏 32kDa 和 36kDa 营养贮藏蛋白质在转基因植物中是否表达，免疫荧光检测可以确定银杏 32kDa 和 36kDa 营养贮藏蛋白质表达的部位，确定表达的蛋白是在叶片、树干，还是在根部等。②借助于免疫荧光显微镜对银杏 32kDa 和 36kDa 营养贮藏蛋白质在银杏叶片、枝条及根部的亚细胞水平上进行定位研究，以获得的银杏 32kDa 和 36kDa 营养贮藏蛋白质抗体为一抗，荧光标定的羊抗兔 IgG-HRP 为二抗，免疫荧光检测银杏 32kDa 和 36kDa 营养贮藏蛋白质定位于细胞核或者细胞质中。

4.2 银杏 36kDa 和 32kDa 营养贮藏蛋白质组分的确定

抗原决定簇与其对应的抗体结合，形成抗原抗体复合物，这个一对一的反应过程，具有高度的物异性。试验结果表明：我们制备的抗体与银杏两分子量蛋白均能形成特异的抗原—抗体复合物，并存在明显的规律变化，与 SDS-聚丙烯酰胺凝胶电泳中的规律吻合。确定银杏 36kDa 和 32kDa 这两种蛋白质就是银杏的营养贮藏蛋白质组分。通过对这两种分子量营养贮藏蛋白质进行酶标免疫光镜细胞化学定位及胶体金免疫电镜化学定位，充分证明，银杏 32kDa 和 36kDa 两种营养贮藏蛋白质在根和枝条的韧皮薄壁细胞中均有表达，这两种营养贮藏蛋白质主要在韧皮薄壁细胞的液泡中积累。

试验中我们发现 36kDa 营养贮藏蛋白质比 32kDa 营养贮藏蛋白质丰富。银杏 36kDa 与 32kDa 两种营养贮藏蛋白质存在相同的抗原决定簇。银杏 36kDa 营养贮藏蛋白质的抗体有较强的特异性，与 36kDa 营养贮藏蛋白质形成抗原抗体复合物，而与 32kDa 蛋白质分子间几乎没有形成抗原—抗体复合物，这可能是由于在植物体内 32kDa 营养贮藏蛋白质比 36kDa 营养贮藏蛋白质含量少，而 36kDa 蛋白质抗体主要与 36kDa 抗原反应，与 32kDa 抗体存在微弱的交叉反应。这种可能性也被 32kDa 抗体与抗原的反应所证实，32kDa 蛋白质抗体即与 32kDa 抗原反应，也与 36kDa 抗原反应，说明 32kDa 抗体主要与 32kDa 抗原反应，但由于枝条中 36kDa 抗原含量丰富并且两种蛋白质有相同或相似的抗原决定簇，因此，表现在 32kDa 蛋白抗体与两种抗原均有反应。这种可能性也被胶体金免疫电镜细胞化学定位和间接酶标免疫光镜细胞化学定位的试验所证明。

第五章 总结论

营养贮藏蛋白质（Vegetative Storage Protein，VSP）是许多落叶树种越冬期贮藏氮的主要形式。这种蛋白质通常在夏末秋初开始积累，在整个越冬期维持较高含量，随着春季新梢萌发，贮藏蛋白质被降解成氨基酸和多肽来满足枝条生长的养分需求。目前对木本植物营养贮藏蛋白质的类型、定位、功能、合成及降解机理、基因表达的调控等方面进行了大量的研究，积累了丰富的资料。

笔者以银杏（*Ginkgo biloba* L.）不同生长期韧皮部薄壁组织的超微结构解剖学研究为突破口，应用荧光免疫细胞定位技术，结合组织化学和生物化学分析，进行了银杏营养贮藏蛋白质的准确定位；通过聚丙烯酰胺凝胶电泳技术（SDS-PAGE）进行了银杏营养贮藏蛋白质的组分分析、分离纯化和糖蛋白质特性研究，确定了银杏营养贮藏蛋白质的主要组分；阐明了银杏营养贮藏蛋白质季节性动态变化规律及与银杏生长发育的相关性；揭示了银杏营养贮藏蛋白质的形成、积累、降解的基本规律。这对于提高银杏氮素养分利用率，指导适时合理施肥及今后采用转基因技术培育高氮素利用率的优良品种等方面，均有重大理论价值和实践意义。主要研究结论如下：

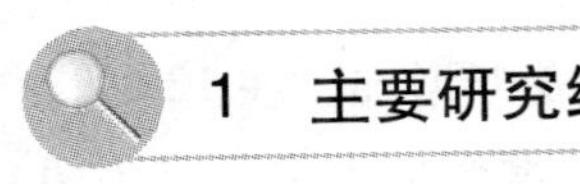

1 主要研究结论

1.1 银杏营养贮藏蛋白质的细胞学研究

运用光学显微镜和电子显微镜对银杏枝条和侧根中的营养贮藏蛋白质的解剖结构进行观察。银杏营养贮藏蛋白质在枝条和根系的韧皮薄壁细胞、韧皮射线细胞、木射线、次生韧皮部与初生木质部之间的细胞中均有分布。但以韧皮薄壁细胞的液泡中最为丰富。银杏韧皮薄壁细胞内的营养贮藏蛋白质是在细胞质内合成，由内质网膨大的槽库、质膜内折或高尔基体小泡发育而形成贮藏蛋白质的液泡。线粒体为贮藏蛋白质的合成和转运提供能量。液泡蛋白质主要以不定形块状、絮状、颗粒状和均一细沙状等四种形式存在。

其颗粒状营养贮藏蛋白质的电子密度最高，其次是不定形块状蛋白、均一细沙状，而絮状的最低。另外，同一个细胞不同液泡内，分布有不同形态的蛋白质。液泡蛋白质在开始形成时多以絮状或不定形态存在，很少见颗粒状，而到了积累后期，则多以颗粒状存在，到了第二年春季，颗粒状蛋白质首先降解，此时液泡中营养贮藏蛋白质主要以絮状或均一细沙状的形态存在。

银杏积累营养贮藏蛋白质细胞属于杨树型。其贮藏蛋白质细胞结构与温带阔叶落叶树相似。这些细胞是普通薄壁组织细胞，开始从形成层衍生出来时，并不积累贮藏蛋白质，后来在一定条件下才积累贮藏蛋白质。

银杏枝条中的营养贮藏蛋白质具有明显的季节性变化规律。可以分为积累期（5 ~ 12 月）和降解期（3 ~ 4 月中旬）两个阶段，5 月份随着新梢伸长及新生叶片的形成，新梢开始积累营养贮藏蛋白质，在生长季节贮藏蛋白质含量不断增加，在 12 月份含量达到最高，在整个越冬期间一直保持高含量水平，直到翌年春季萌芽时，贮藏蛋白质才迅速降解、转移再利用，满足新梢生长发育的要求，到 4 月 14 日枝条中贮藏蛋白质几乎完全降解。

银杏根中的营养贮藏蛋白质与枝条中的不完全相同。侧根中分布的贮藏蛋白质远没有枝条中的丰富，存在明显的季节动态变化规律，可以分为积累期（7～12 月下旬）和降解期（1 月初至 4 月中旬）两个阶段。

1.2 银杏营养贮藏蛋白质的生化性质的研究

银杏不同部位可溶性蛋白质含量存在显著差异。银杏枝条的皮层、木质部及根中可溶性蛋白质含量呈现明显的季节性变化规律。当年生枝条中的可溶性蛋白质含量，高于二年生枝条中的含量。韧皮部中的可溶性蛋白质含量高于木质部中的含量，且明显高于叶片和根中含量。银杏不同部位可溶性蛋白质含量与营养贮藏蛋白质存在相关性，贮藏蛋白质是可溶性蛋白质的一部分，二者在不同时期其成分可能相互转化，年动态变化规律基本一致。

银杏不同分子量的营养贮藏蛋白质在枝条的皮层、木质部和根中均有分布；银杏营养贮藏蛋白质的动态变化分为降解（2～4 月）和积累（5～12 月）两个阶段；当年生枝条中的含量高于二年生枝条中的，皮层中的含量高于木质部和根中的含量；枝条中营养贮藏蛋白质组分主要为 36kDa、32kDa、28kDa、23kDa、18kDa 和 15kDa 的蛋白质，根中营养贮藏蛋白质其组分主要为 43.7kDa、40.2kDa、36.0kDa、32.0kDa、31.4kDa、

22.5kDa、17.8kDa、15.5kDa 和 14.5kDa；5 月中旬新叶形成后的枝条即开始积累蛋白质，12 月份达到最高，翌年春季降解，至 4 月逐渐消失。银杏枝条营养贮藏蛋白质的消失与新梢生长过程正好是同步的。因此，枝条中的贮藏蛋白质主要被新梢生长所消耗。营养贮藏蛋白质在根中的变化规律与枝条的变化规律不完全一致。银杏根中的贮藏蛋白质的动用与新梢生长没有明显的关系，这些蛋白质可能主要用于增粗生长。银杏根系的营养贮藏蛋白质也发生着明显的季节性变化，可以分为大量积累期（7～12 月）和降解期（1～4 月）两个阶段。其中银杏 36kDa 和 32kDa 两种营养贮藏蛋白质变化规律最为明显。

双向电泳结果表明：银杏枝条中营养贮藏蛋白质存在明显的季节性变化规律，可以分为积累（4 月初至 12 月）和降解（2～3 月下旬）两个阶段，其蛋白质组分有高分子量、中分子量和低分子量 3 类，同一分子量的营养贮藏蛋白质对应不同的等电点，变化最明显的是中分子量蛋白如 51kDa、45kDa、40kDa、36kDa、32kDa，其在萌芽前可清晰地辨认，展叶后逐渐消失，因此确定银杏营养贮藏蛋白质组分为（51.8，5.82）、（45.1，4.02）、（45.2，4.41）、（40.2，4.4）、（40.3，4.48）、（40，5.31）、（40.1，4.6）、（40，4.29）、（40，5.19）、（36.4，5.56）、（36.3，4.57）、（36.1，5.35）、（36.4，5.49）、（36.2，6.46）、（36.2，5.02）、（36，6.33）、（36，6.74）、（36.1，4.62）、（36.4，5.19）、（36，6.2）、（36，6.43）、（32.3，5.15）、（32.4，4.66）、（32.1，6.6）、（32.1，6.3）、（32.2，4.74）、（32，5.97）、（32.1，6.45）和（32，5.75）为银杏营养贮藏蛋白质的主要类型。

银杏营养贮藏蛋白质经过糖基化，成为糖蛋白；在银杏不同部位中广泛存在；根中糖基化蛋白质成分明显少于枝条中的，枝条木质部中的糖基化成分多于枝条韧皮部中的，当年生枝条木质部中糖基化蛋白质成分最多。当年生枝条韧皮部中存在有80.0kDa、56.6kDa、51.3kDa、45.6kDa、36.0kDa、32.0kDa、28.7kDa、26.9kDa、24.8kDa、23.4kDa、19.6kDa 和 14.5kDa 的蛋白质经过糖基化；当年生枝条木质部中存在有 106.6kDa、98.8kDa、80.0kDa、56.6kDa、51.3kDa、45.6kDa、36.0kDa、32.0kDa、28.7kDa、24.8kDa、23.4kDa、19.6kDa 和 14.5kDa 的蛋白质经过糖基化；二年生枝条韧皮部存在 80.0kDa、56.6kDa、51.3kDa、45.6kDa、36.0kDa、32.0kDa、28.7kDa、24.8kDa、23.4kDa、19.6kDa、16.5kDa 和 14.5kDa 的蛋白质经过糖基化；二年生木质部存在 80.0kDa、56.6kDa、51.3kDa、45.6kDa、36.0kDa、32.0kDa、28.7kDa、24.8kDa、23.4kDa、19.6kDa 和 14.5kDa 的蛋白质经过糖基化；根中存在 45.6kDa、36.0kDa、32.0kDa、28.7kDa、21.5kDa、19.6kDa 和 14.5kDa 的蛋白质经过糖基化。其中，32kDa 和 36kDa 两种蛋白质普遍存在于银杏当年生枝条韧皮部、当年生枝条木质部、二年生枝条韧皮部、二年生枝条木质部和根中。

1.3 银杏营养贮藏蛋白质的免疫组织化学定位研究

银杏 32kDa 和 36kDa 两种营养贮藏蛋白质抗原的含量为 180μg/g，免疫新西兰白兔 4 次后，双向琼脂免疫扩散试验检测，在抗原与抗体间形成免疫沉淀线，证明得到了高价且具有较好特异性的多抗血清，抗血清效价 128，可为银杏营养贮藏蛋白质的免疫化学定位提供了条件。

笔者制备的银杏营养贮藏蛋白质的抗体与银杏两分子量蛋白均能形成特异的抗原-抗体复合物，并存在明显的规律变化，与 SDS-聚丙烯酰胺凝胶电泳中的规律吻合。确定银杏 36kDa 和

32kDa 这两种蛋白质就是银杏的营养贮藏蛋白质组分。通过对这两种分子量营养贮藏蛋白质进行酶标免疫光镜定位及胶体金免疫电镜定位也充分证明，银杏 32kDa 和 36kDa 两种营养贮藏蛋白质在根和枝条的韧皮薄壁细胞中均有表达，这两种营养贮藏蛋白质主要在韧皮薄壁细胞的液泡中积累。综合以上结果，笔者得出银杏 32kDa 和 36kDa 两种蛋白质是银杏的营养贮藏蛋白质。

银杏枝条和根系中的 36kDa 营养贮藏蛋白质比 32kDa 营养贮藏蛋白质丰富。银杏 36kDa 与 32kDa 两种营养贮藏蛋白质存在相同的抗原决定簇。银杏营养贮藏蛋白质与银杏 36kDa 营养贮藏蛋白质的抗体有较强的特异性，与 36kDa 营养贮藏蛋白质形成抗原抗体复合物，而与 32kDa 蛋白质分子间几乎没有相同的抗原决定簇且免疫相关性很小。银杏 32kDa 营养贮藏蛋白质的抗体与 36kDa 和 36kDa 蛋白质免疫相关性都很强，有相同或相似的抗原决定簇，存在很强的交叉反应。银杏 32kDa 和 36kDa 两种抗体分别与其对应的抗原特异性结合，充分证明该分子量的蛋白质是银杏的营养贮藏蛋白质，而不是其降解的中间产物。

通过对银杏 32kDa 和 36kDa 两种营养贮藏蛋白质进行酶标、免疫光镜定位及胶体金免疫电镜定位，充分证明，银杏 32kDa 和 36kDa 两种营养贮藏蛋白质在根和枝条的韧皮薄壁细胞中均有表达，且 36kDa 营养贮藏蛋白质比 32kDa 营养贮藏蛋白质丰富，这两种营养贮藏蛋白质主要定位于银杏枝条和根系韧皮薄壁细胞的液泡中。

1.4 银杏营养贮藏蛋白质组分的确定

结合单向电泳、双向电泳、免疫印迹、间接酶标免疫细胞化学定位及胶体金免疫电镜定位的研究结果，银杏枝条中的贮藏蛋白质组分可分为高分子量、中分子量和低分子量三类；同一分子量的营养贮藏蛋白质对应不同的等电点，从蛋白质的分子量和等电点两方面确定以下成分为银杏的营养贮藏蛋白质：(36.4，5.56)、(36.3，4.57)、(36.1，5.35)、(36.4，5.49)、(36.2，6.46)、(36.2，5.02)、(36，6.33)、(36，6.74)、(36.1，4.62)、(36.4，5.19)、(36，6.2)、(36，6.43)、(32.3，5.15)、(32.4，4.66)、(32.1，6.6)、(32.1，6.3)、(32.2，4.74)、(32，5.97)、(32.1，6.45)和(32，5.75)。

2 本研究的创新与特色

(1) 在研究材料上，首次以我国特有的珍贵孑遗植物银杏为研究对象，探索银杏营养贮藏蛋白质的动态变化规律及生理功能，揭示银杏营养贮藏蛋白质动用和积累与新梢生长的相关性，研究结果将填补银杏研究的空白。

(2) 在研究方法上，以营养贮藏蛋白质超微结构的解剖研究为突破口，利用免疫组织化学和生物化学相结合的方法，探索银杏营养贮藏蛋白质积累和降解机理，积累部位和形成过程，探索提高银杏氮素养分利用效率的可能途径，将解剖特征与结构功能相结合是本研究的主要特色之一。

(3) 在研究内容上，首次利用制备型 SDS-PAGE 分离抗原，免疫新西兰白兔，提取抗血清，制备银杏营养贮藏蛋白质的抗体，进行免疫印迹和细胞组织化学定位，确定出银杏 32kDa 和 36kDa 两种蛋白质为银杏的营养贮藏蛋白质。该研究结果填补了国内外银杏营养贮藏蛋白质研究方面的空白。

参考文献

[1] Anderson B R, Jin G, Chen R. Transcriptional regulators of hydroxypyruvate reductase gene expression by cytokinin in etiolated pumpin cotyledons. Physiol Plant, 1996, 198: 15 ~ 21.

[2] Anderson N L, Anderson N G. Proteome and proteomics: new technologies, new concepts, and new words. Electrophoresis, 1998, 19: 1853 ~ 1861.

[3] Arora R, Wisniewski M E, Scorza R. Cold acclimation in genetically related (sibing) deciduous and evergreen peach [*Prunus persica* (L.) Batsch]. I. Seasonal changes in cold hardiness and polypeptides of bark and xylem tissues. Plant Physiol, 1992, 99: 1562 ~ 1568.

[4] Arora R, Wisniewski M E. Cold acclimation in genetically related (sibing) deciduous and evergreen peach [*Prunus persica* (L.) Batsch]. II. A 60-kilodalton bark protein in cold-acclimated tissues of peach is heat stable and related to the dehydrin family of proteins. Plant Physiol, 1994, 105: 95 ~ 101.

[5] Ball E H. Quantitation of proteins by elution of coomassie brilliant blue R from stained bands after sodium dodecyl sulfate-polyacrlamide gel electrophoresis. Anal Biochem. 1986, 155: 23 ~ 27.

[6] Beardmore T, Wetzel S, Kalous M. Interactions of airborne methyl jasmonate with vegetative storage protein gene and protein accumulation and biomass partitioning in *populus* plant. Can J For Res, 2000, 30: 1106 ~ 1113.

[7] Bennett J O, Yu O, Heatherly LG, *et al.* Accumulation of genistein and daidzein, soybean isoflavones implicated in promoting human health, is significantly elevated by irrigation. J Agric Food Chem, 2004, 52 (25): 7574 ~ 7579.

[8] Chen C, Ertl J R, Yang M S. Cytokinin-induced changes in the population of translatable mRNA in excised pumpkin cotyledons. Plant Sci, 1987, 52: 169 ~ 174.

[9] Chou K, Splittstoesser W E. Changes in amino acid content and the metabolism of γ-aninobutyric acid in *Cucurbita mochata* seedlings. Plant Physiol, 1972, 49: 550 ~ 554.

[10] Clausen S, Apel K. Seasonal changes in the concentration of the major storage protein and its mRNA in xylem ray cells of poplar trees. Plant Mol Biol, 1991, 17: 669 ~ 678.

[11] Coleman G D, Banados M P, Chen T H H. Poplar bark storage protein and a related wound induced gene are differentially induced by nitrogen. Plant physiol, 1994, 106: 211 ~ 215.

[12] Coleman G D, Chen T H H, Fuchigami H. Complementary DNA cloning of poplar bark storage protein and control of its expression by photoperiod. Plant Physiol, 1992, 98: 687 ~ 693.

[13] Coleman G D, Chen T H H, Ernst S G, *et al.* Photoperiod control of poplar barks storage protein accumulation. plant physiol, 1991, 96: 686 ~ 692.

[14] Coleman G D, Englert J M, Chen T H H, *et al.* Physiological and environmental requirements for poplar bark storage protein degradation. Plant Physiol, 1993, 102: 53 ~ 59.

[15] Coleman R A, Mullet J E. Jasmonic acid distribution and action in plants: Regulation during development and response to biotic and abiotic trees. Proc Natl Acad Sci, 1995, 92: 4114 ~ 4119.

[16] Costa P, Bahrman N, Frigerio J M, *et al.* Water-deficit responsive pro-

teins in Maritime *Pine*. Plant Mol Boil, 1998, 39: 587 ~ 596.

[17] Costa P, Pionneau C, Bauw G, *et al.* Separation and characterization of needle and xylem maritime pine proteins. Electrophoresis, 1999, 20: 1098 ~ 1108.

[18] Davidesen N B. Two-dimensional electrophoresis of acidic proteins isolated from ozone-stressed *Norway Spruce* needles (*Picea abies* L. Karst): separation method and image processing. Electrophoresis, 1995, 16 (7): 1305 ~ 1311.

[19] Davidson J, Ekram oddoullah A K M. Analysis of bark proteins in blister rust-resistant and susceptible western white pine (*Pinus monticola*). Tree Physiol, 1997, 17: 663 ~ 669.

[20] Ekran oddoullah A K M, Taylor D W. Seasonal variation of western white pine (*Pinus Monticola* D. Don) foliage proteins. Plat Cell Physiol, 1996, 37 (2): 189 ~ 199.

[21] Farmer E E, Ryan C A. Interplant communication airborne methyl jasmonate induces synthesis of proteinase inhibitors in plant leaves. Proc Nat Acad Sci, 1990, 87: 7713 ~ 7716.

[22] Faurober M. Application of two-dimensional gel electrophoresis to *Prunus armeniaca* leaf and bark tissues. Electrophoresis, 1997, 14732 ~ 14737.

[23] Fields S, Song O. A novel genetic system to detect protein-protein interactions. Nature, 1989, 340: 235 ~ 246.

[24] Franceschi V R, Wittenbach V A, Giaquinta R T. Paraveina mesophyll of soybean leaves in relation to assimilate transfer and compartmentatio III. Immunohistochemical localization of specific glycopeptides in the vacuole after depodding. Plant Physiol, 1983, 72: 586 ~ 589.

[25] Gallardo F, Canton R, Garcia-Gutierrez A, *et al.* Molecular and enzymatic analysis of ammonium assimilation in woody plants. Journal of Experimental Botany, 2003, 185: 6513 ~ 6521.

[26] Greenwood J S, Demmers C, Wetzel S. Seasonally dependent formation of

protein-storage vacuoles in the inner bark tissues of *Salix microstachya*. Can J Bot, 1990, 68: 1747 ~ 1755.

[27] Greenwood J S, Stinissen H M, Peumans W J, *et al*. *Sambucus nigra* agglutinin is located in protein bodies in the phloem parenchyma of the bark. Planta, 1986, 167: 275 ~ 278.

[28] Guo H Y, Li S P, Peng F R. Dynamic change of protein polypeptide of *Ginkgo biloba* L. seed during germination. Journal of Forestry Research, 2007, 18 (1): 35 ~ 38.

[29] Guo Y M, Shen S H, Jing Y X, *et al*. Plant proteomics in the post-genomic era. Acta Botanica sinica, 2002, 44 (6): 631 ~ 641.

[30] Gygi S P, Rist B, Acbersold R. Measuring gene expression by quantitative proteome analysis. Curr Opin Biotechnol, 2000, 11: 396 ~ 401.

[31] Hao B Z, Wu J L. Vacuole proteins in parenchyma cells of secondary phloem and xylem of *Dalbergia odorifera*. Trees, 1993, 8: 104 ~ 109.

[32] Harms U, Sauter J J. Localization of a storage protein in the wood ray parenchyma cells of *Taxodium distichum* (L.) L. C. Rich, by immunogold labeling. Trees, 1992, 6: 37 ~ 40.

[33] Harms U, Sauter J J. Storage proteins in the wood of Taxodiaceae and of *Taxes*. J Plant Physiol, 1991, 138: 497 ~ 499.

[34] Haynes P A, Gygi S P, Figerys D, *et al*. Proteome analysis: Biological assay or data archive? Electrophoresis, 1998, 19 (11): 1862 ~ 1871.

[35] Herman E M, Charles H N, Leland S M. Bark and leaf lectins of *Sophora japonica* are sequestered in protein-storage vacuoles. Plant Physiol, 1988, 86: 1027 ~ 1031.

[36] Hill Cottingham D C, Williams R R. Effect of time of application of fertilizer nitrogen on the growth, flower development and fruit set of maiden apple trees, var. Lord Lambourne, and the distribution of total nitrogen within the trees. J Hort Sci, 1967, 42: 319 ~ 338.

[37] Islam N, Tsujimoto H, Hirano H. Wheat proteomics relationship between

fine chromosome deletion and protein expression. Proteomics, 2003, 3: 307 ~ 316.

[38] Jorge I, Navarro R M, Lenz C, *et al.* The Holm Oak leaf proteome: analytical and biological variability in the protein expression level assessed by 2-DE and protein identification tandem mass spectrometry de novo sequencing and sequence similarity searching. Proteomics, 2005, 5: 222 ~ 234.

[39] Junttila O. Effect of photoperiod and temperature on apical growth cessation in two ecotypes of *Salix* and *Betula*. Physiol Plant, 1980, 48: 347 ~ 352.

[40] Kang S M, Titus J S. Qualitative and quantitative changes in nitrogenous compounds in senescing leaf and bark tissue of apple. Physiol Plant, 1980a, 50: 285 ~ 290.

[41] Kennedy B T, Titus J S. Isolation and mobilization of storage proteins from apple shoot bark. Physiol Plant, 1979, 45: 419 ~ 424.

[42] Kim S R, Choi J L. Identification of a G-box sequence as an essential element for methyl jasmonage reponse of potato proteinase inhibitor Ⅱ promoter. Plant Physiol, 1992, 99: 627 ~ 631.

[43] Krishnan H B, Bennett J O, Kim W S, *et al.* Nitrogen lowers the sulfur amino acid content of soybean [*Glycine max* (L.) Merr.] by regulating the accumulation of Bowman-Birk protease inhibitor. J Agric Food Chem, 2005, 53 (16): 6347 ~ 6354.

[44] Langheimrich U, Tischner R. Vegetative storage proteins in poplar: induction and characterization of 32kDa and 36kDa polypeptide. Plant Physiol, 1991, 97: 1017 ~ 1025.

[45] Lin C, Thomashow M F. A cold-regulated *Arabidopsis* gene encodes a polypeptide having potent cryoprotective activity. Biochem Biophys Res Commun, 1992, 183: 1103 ~ 1108.

[46] Lopz R, Dathe W, Bruckner C. Jasmonic acid in different part of the developing soybean fruit. Biochem Physiol Pflanzenphysiol, 1987, 182: 195 ~ 201.

[47] Lu J A, Ertl J R, Chen C. Cytokinin enhancement of the light induction of nitrate reductase transcript levels in etiolated barley leaves. Plant Mol Biol, 1990, 14: 585 ~ 594.

[48] Macbeath G. Protein microarrays and proteomics. Nature Genetics, 2002, 32: 526 ~ 532.

[49] Manfredo Q, Peter J. Proteomics and automation. Electrophotesis, 1999, 20: 666 ~ 677.

[50] Marouga R, David S. Hawkins E. The development of the DIGE system: 2D fluorescence difference gel analysis technology. Anal Bioanal Chem, 2005, 382 (3): 669 ~ 678.

[51] Millard P, Neilsen G H. The influence of nitrogen supply on the uptake and remobilization of stored N for the seasonal growth of apple trees. Ann Bot, 1989, 63: 301 ~ 309.

[52] Millerd A. Biochemistry of legume seed proteins. Annu Rew Plant Physiol, 1975, 26: 53 ~ 72.

[53] Moore P J, Staehelin L A. Immunogold localization of the cell-wall-matrix polysaccharides rhamnogalacturonan I and xyloglucan during cell expansion and cytodinesis in *Trifolium Pratense* L., implication for secretory pathways. Planta, 1988, 174: 433 ~ 445.

[54] Nakano K, Suzuki T, Hayakawa T, *et al.* Organ and cellular localization of asparagines synthetase in rice plants. Plant Cell Physiclogy, 2000, 41: 874 ~ 880.

[55] Nandi A K, Mazumdar B C. Biochemical differences between male and female papaya (*Carica papaya* L.) trees in respect of total RNA and the histone protein level. Indian Biologist, 1990, 22 (1): 47 ~ 50.

[56] Natarajan S S, Xu C, Bae H, *et al.* Characterization of storage proteins in wild (*Glycine soja*) and cultivated (*Glycine max*) soybean seeds using proteomic analysis. J Agric Food Chem, 2006, 54 (8): 3114 ~ 3120.

[57] Nsimba Lubaki M, Peumans W J. Seasonal fluctuation of lectins in barks

of elderberry (*Sambucus nigra*) and black locust (*Robinia pseudoacacia*). Plant Physiol, 1986, 80: 747 ~ 751.

[58] O'Farrell. High resolution two-dimensional Electrophoresis of proteins. J Biol Chem, 1975, 250: 4007 ~ 4021.

[59] Pate J S. Transport and partitioning of nitrogenous solutes. Ann. Rev. Plant Physiol, 1980, 31: 313 ~ 340.

[60] Peng F R, Guo Juan, Wang G P. Subcellular localizatin of vegetative storage protein of Ginkgo biloba. Acta botanica sinica, 2004, 46 (1): 77 ~ 85.

[61] Renaut I, Lutts S, Hoffm ann I, *et al.* Responses of poplar to chilling temperatures proteomic and physiological aspects. Plant Biology, 2004, 6: 81 ~ 90.

[62] Roberts L S, Toivonen P, Mcinnis S M. Discrete proteins associated with overwintering of interior spruce and Douglas-fir seedlings. Can J Bot, 1991, 69: 437 ~ 441.

[63] Rossato. Nitrogen storage and remobilization in *Brassica nupus* L. during the growth cycle. Plant physiol, 2002, 53 (367): 265 ~ 275.

[64] Sauter J J, Kloth S. Changes in carbohydrates and ultrastructure in xylem ray cells of *Populus* in response to chilling. Protoplasma, 1987, 137: 45 ~ 55.

[65] Sauter J J, van Cleve B, Apel K. Protein bodies in ray cells of *populus* × *Canadensis* Moench '*robusta*' . Planta, 1988, 173: 31 ~ 34.

[66] Sauter J J, van Cleve B. Biochemical, immunochemical and ultrastructural studies of protein storage in poplar (*Populus* × *Canadensis* 'Robusta') wood. Planta, 1990, 183: 92 ~ 100.

[67] Sauter J J, Van Cleve B. Seasonal variation of amino acids in the xylem sap of '*Populuscanadensis*' and its relation to protein body mobilization. Trees, 1992, 7: 26 ~ 32.

[68] Sauter J J, van Clrve B. Immunochemical localization of a willow storage protein with a poplar storage protein antibody. Protoplasma, 1989, 149:

175 ~ 177.

[69] Sauter J J, Wellenkamp S. Protein storing vacuoles in ray cells of willow wood (*Salix caprea* L.). IAWA Bull, 1988, 9: 59 ~ 65.

[70] Sennerby Forsse L. Seasonal variation in the ultrastructure of the carmbium in young stems of willow (*Salix viminulis*) in relation to phenology. Physiol Plant, 1986, 67: 529 ~ 537.

[71] Shim K K, Titus J S. Accumulation and mobilization of storage proteins in Gingko shoot bark. J Kor Hortic, 1985, 26: 350 ~ 360.

[72] Staswick P E. Storage protein of vegetative plant tissues. Annu Rew Plant Physiol Mol Biol, 1994, 45: 303 ~ 322.

[73] Staswick P. The occurrence and gene expression of vegetative storage proteins and a Rubisco complex protein in several perennial soybean species. J Exp Bot, 1997, 48: 2031 ~ 2036.

[74] Stepien V, Martin F. Purification, characterization and localization of the bark storage proteins of poplar. Plant Physiol Biochem, 1992, 30: 399 ~ 407.

[75] Stepien V, Sauter J J, Martin F. Vegetative storage proteins in woody Plants. Plants Physiol Biochem, 1994, 32: 185 ~ 192.

[76] Steward F C, Thompson J F. The nitrogenous constituents of plants with special reference to chromatographic methods. Annu Rev Plant Physiol, 1950, 1: 233 ~ 264.

[77] Susan D Lawrence. Vegetative storage protein expression during terminal bud formation in poplar. Can J For Re, 2001, 31 (6): 1098 ~ 1102.

[78] Suzuki T. Total nitrogen and free amino acids in *Morus alba* stem from autumn through spring. Physiol Plant, 1984, 60: 473 ~ 478.

[79] Tian W M, Han Y Q, Wu J L, *et al.* Characteristics of protein-storing cells associated with a 67kD protein in *Hevea brasiliensis*. *Trees*, 1998, 12: 153 ~ 159.

[80] Tian W M, Wu J L, Hao B Z, *et al.* Vegetative storage proteins in Meli-

aceae. Acta Botanica Sinica, 2002, 44 (2): 242 ~245.

[81] Tian W M, Wu J L, Hao B Z. Cytological study on the vegetative storage proteins in *Swietenia macrophylla* king. Chin J Tropical Crop, 1999, 20 (4): 25 ~31.

[82] Tromp J, Ovaa J C. Spring mobilization of protein nitrogen in apple bark. Plant Physiol, 1973, 29: 1 ~5.

[83] van Cleve B, Apel K. Induction by nitrogen and low temperature of storage-protein synthesis in poplar trees exposed to long day. Planta, 1993, 189: 157 ~160.

[84] van Cleve B, Clausen S, Sauter J J. Immunochemical localization of a storage protein in poplar wood. Plant Physiol, 1988, 133: 371 ~374.

[85] Wang W, Scali M, Vignani R, *et al.* Protein extraction for two-dimensional electrophoresis from olive leaf a plant tissue containing high levels of interfering compounds. Electrophoresis, 2003, 24: 2369 ~2375.

[86] Wetzel S, Greenwood J S. The 32kDa vegetative storage protein of *Salix microstachya* Turz. Characterization and immuno-localization. Plant Physiol, 1991, 97: 771 ~777.

[87] Wetzel S, Demmers C, Greenwood J S. Protein-storing vacuoles in bark and leaves of several softwoods. Trees, 1991, 5: 196 ~202.

[88] Wetzel S, Demmers C, Greenwood J S. Seasonally fluctuating bark protein are a potential form of nitrogen storage in three tempetate hardwoods. Planta, 1989b, 178: 275 ~281.

[89] Wetzel S, Demmers C, Greenwood J S. Spherical organelles, analogous to seedd protein bodies, fluctuate seasonally in parenchymatous cells of hardwoods. Can J Bot, 1989a, 67: 3439 ~3445.

[90] Wetzel S, Greenwood J S. A survey of seasonal bark proteins in eight temperate hardwoods. Trees, 1991, 5: 153 ~157.

[91] Wetzel S, Greenwood J S. Proteins as a potential storage compound in bark and leaves of several softwoods. Trees, 1989, 3: 149 ~153.

[92] Wikins M R. Proteome research: new frontiers in functional genomics. New York: Heeidlburg, 1997.

[93] Wisniewski M, Close T J, Artlip T, *et al.* Seasonal patterns of dehydrins and 70kDa heat-shock proteins in bark tissues of eight species of woody plants. Physiol Plant, 1996, 96: 496 ~ 505.

[94] Withers L A, King P J. Proline: a novel cryoprotectant for the freeze preservation of cultured cells of *Zea mays* L.. Plant Physiol, 1979, 64: 675 ~ 678.

[95] Wormald M R, Sharon N. Carbohydrates and glycoconjugates hot roles for glyxosylation: signal transduction, control of cell development and differentiation, and innate immunity. Current Opinion in Structural Biology, 2001, 12: 567 ~ 568.

[96] Wu J L, Hao B Z. Ultrastructure and differentiation of protein-storing cells in secondary phloem of *Heynea brasiliensis* stem. Ann Bot, 1987, 60: 505 ~ 512.

[97] Wu J L, Hao B Z. Vacuole protein in secondary phloem parenchyma cells of the Meliaceae species. IAWA Bulletin, 1991, 12 (1): 51 ~ 56.

[98] Ye Z, Varner J. Expression of an auxin and cytokinin regulated gene in cambial region in Zinnia. Proc Natl Acad Sci USA, 1994, 91: 6539 ~ 6543.

[99] Zhao C, Wang J, Cao M, *et al.* Proteomic changes in rice leaves during development of field-grown rice plants. Proteomics, 2005, 5 (4): 961 ~ 972.

[100] Zhu B L, Coleman GD. The poplar bark storage protein gene (Bspa) promoter is responsive to photopreriod and nitrogen in transgenic poplar and active in floral tissues, immature seeds and germination seeds of transgenic tobacco. Plant Mol Biol, 2001a, 46: 383 ~ 394.

[101] Ziegler H. Storage, mobilization and distribution of reserve material in trees. In: The Formation of Wood in Forest Trees (elited by

M. H. Zimmermann）. Academic Press，New York，London，1964.

[102] 曹福亮著. 中国银杏. 南京：江苏科学技术出版社，2002.

[103] 曹宗巽. 植物的性别分化及其控制. 生物学通报，1965，(2)：4~7.

[104] 曹宗巽. 植物生理与分子生物学. 北京：科学出版社，1990.

[105] 陈继承，周瑞宝. 聚丙烯酰胺凝胶电泳在转基因大豆检测中的应用. 食品科学，2005，26（10）：196~199.

[106] 陈立松，刘星辉. 水分协迫对荔枝（*Litchi chinensis*）叶片氮和核酸代谢的影响及其与抗旱性的关系. 植物生理学报，1999，25（1）：49~56.

[107] 陈强，刘亚刚，杨雪等. 蛋白质组学的研究进展. 西南民族大学学报（自然科学版），2005，31（2）：257~260.

[108] 陈荣智，翁清妹，黄臻等. 水稻对褐飞虱抗性相关蛋白的双向电泳分析（英文），植物学报，2002，44（4）：427~432.

[109] 陈师勇，张培军，莫照兰等. 鳗弧菌金属蛋白酶单克隆抗体的制备及鉴定. 高技术通讯. 2003，2：102~104.

[110] 程晓建，王白坡，郑炳松等. 银杏雌雄株性别鉴别研究进展. 浙江林学院学报，2002，19（2）：217~221.

[111] 逮斌，林兵. 一种改良的植物蛋白质双向电泳方法. 生物化学与生物物理进展，1989，16（6）：480~490.

[112] 董长江，郑常文，刘丙辰等. 诸葛菜精细胞特异蛋白多肽的研究. 植物学报，1997，39（7）：712~716.

[113] 董贵俊，张卫东，刘公社. 向日葵种子蛋白质的微量提取和双向电泳技术研究. 中国油料作物学报，2004，26：1.

[114] 段维，谢宗铭，陈富隆等. 利用种子蛋白聚丙烯酰胺凝胶电泳鉴定新葵 6 号种子纯度. 新疆农业科学，2001，38（1）：13~15.

[115] 范宝莉，王振英，陈宏等. 小麦 T 型细胞质雄性不育系、保持系蛋白质双向电泳比较研究. 实验生物学报，2004，37（1）：45~49.

[116] 范国强，李有，郑建伟等. 泡桐从枝病发生相关蛋白质的电泳分析. 林业科学，2003，139（12）：119~122.

[117] 方玉春，张兴和，冯德举等．应用盐溶蛋白电泳图谱鉴定玉米种子纯度．吉林农业大学学报，2001，23（4）：6～10.

[118] 冯德芹，郭尧君．双向电泳在农业和林业中的最新应用．现代科学仪器，2006，5：37～43.

[119] 高述民，陆帼一，杜慧芳．大蒜体细胞胚发育分化中特异蛋白和某些生理生化变化．植物生理学通讯．2001，37（3）：207～210.

[120] 谷瑞升，刘群录，陈雪梅等．木本植物蛋白质提取和 SDS-PAGE 分析方法的比较和优化．植物学通报，1999，16（2）：171～177.

[121] 谷瑞升，刘群录，陈雪梅等．一种省时高效的木本植物蛋白双向电泳分析方法．北京林业大学学报，1999，21（5）：7～10.

[122] 郭红彦，郭彦青，彭方仁．木本植物营养贮藏蛋白质代谢机理的研究进展．2006，30（4）：121～128.

[123] 郭红彦，吴青霞，彭方仁．银杏枝条营养贮藏蛋白质的组分及动态变化．林业科学，2009，45（3）：24～28.

[124] 郭娟，彭方仁，黄金生．银杏营养贮藏蛋白质的超微结构特征及季节变化．电子显微学报，2002，21（2）：141～145.

[125] 郭娟，彭方仁，王改萍．银杏叶片内含物开发利用的研究进展．林业科技开发，2001，15（6）：9～12.

[126] 郭娟．银杏营养贮藏组织及分泌组织的解剖学研究．南京林业大学硕士毕业论文，2001.

[127] 郭蔚岚，高述民，李民兰．日本桃叶珊瑚（*Acuba japvariegate*）在低温下的光合作用及蛋白的研究初报．江西农业大学学报，2002，324（3）：376～379.

[128] 郭彦青．杨树营养贮藏蛋白质动态变化规律的研究．南京林业大学硕士毕业论文，2005.

[129] 郭月霞，王小利，陈新宏．小麦新品系的种子贮藏蛋白凝胶电泳鉴定．陕西农业科学，2003，（5）：3～5.

[130] 郝秉中，吴继林．次生韧皮部的超微结构．植物学通报，1993，10（10）：63～69.

[131] 何瑞锋，丁毅，张剑锋等．植物叶片蛋白质双向电泳技术的改进与优化．遗传，2000，22（5）：319～321.

[132] 何云蔚，王国平．柑橘裂皮类病毒研究．中国果树，2004，（6）：48～51.

[133] 胡海霞，刘俊堂，苏红等．浓缩型 DAB 试剂盒的应用体会．中国组织化学与细胞化学杂志，2006，15（4）：479～480.

[134] 黄丽俊，王建华．蛋白质组研究技术及其进展．生物学通报，2005，40（8）：4～6.

[135] 黄上志，王冬梅，卢春斌等．萌发中花生胚轴的耐干性与热稳定蛋白．植物生理学报，1999，25（2）：193～198.

[136] 黄胜琴，宾金华，李政平．茉莉酸甲酯和脱落酸对花生幼苗根和下胚轴生长的影响．2002，28（5）：351～356.

[137] 黄秀梨主编．微生物学．第二版，北京：高等教育出版社，2003.

[138] 季芝娟，薛关中．植物蛋白质组学研究进展．生命科学，2004，16（4）：241～246.

[139] 姜秀英，朱江．重组猪生长激素抗体的制备与纯化．淮阴师范学院学报（自然科学版），2006，5（4）：311～313.

[140] 蒋浩，秦红敏，田颖川．杨树树皮贮藏蛋白质基因启动子的克隆和功能研究．林业科学，1999，35（5）：46～50.

[141] 康振生，黄丽丽．小麦穗组织中脱氧镰刀菌烯醇毒素的免疫细胞化学定位．植物病理学报，2004，34（5）：419～424.

[142] 兰海燕，李立会．蛋白质凝胶电泳技术在作物品种鉴定中的应用．中国农业科学，2002，35（8）：916～920.

[143] 黎茵，黄上志，傅家瑞．不同品种花生种子蛋白质的电泳技术．植物学报，1998，40（6）：534～541.

[144] 李佰良．功能蛋白质组学．生命化学，1998，18（6）：1～4.

[145] 李常健，林精华，张楚富．高等植物中氨同化酶及其同工酶研究．零陵师范高等专科学校学报，2000，21（3）：20～22.

[146] 李慧玉，董京祥，姜静．樟子松突变丛生枝蛋白质的双向电泳分

析. 生物技术，2004，14（1）：35~37.

[147] 李慧玉，董京祥，姜静．樟子松突变丛生枝蛋白质的双向电泳分析. 生物技术，2004，14（1）：35~37.

[148] 李林．蛋白质组学的进展．生物化学与生物物理进展，2000，27（3）：227~230.

[149] 李妮亚，高俊凤．干旱对小麦幼芽蛋白质组分及等电点的影响．西北农业大学学报，1997，25（3）：6~11.

[150] 李群．杂交玉米鲁原单14号及其亲本自交系种子的真实性鉴定和纯度测定技术的研究．种子，2001，113（1）：63~64.

[151] 李生平．银杏种子萌发过程中贮藏物质代谢机理的研究. 南京林业大学硕士论文，2004.

[152] 李跃建，姬红丽，彭云良等．应用双向电泳技术研究条锈菌侵染后小麦蛋白质的改变．四川大学学报（工程科学版），2005，37（2）：80~85.

[153] 梁明山，刘煜，侯留记等．聚丙烯酰胺凝胶电泳鉴定烟草品种．种子，2001，113（1）：9~11.

[154] 梁文裕，陈伟，宋瑞锋等．“乌龙岭”龙眼胚胎发育时期特异性蛋白质的变化．热带亚热带植物学报，2005，13（3）：229~232.

[155] 林鸣，曹宗巽．黄瓜器官特异蛋白的研究．植物学报，1996，38（7）：525~529.

[156] 刘大林，谷文英，秦玉玲等．外源细胞分裂素对紫花苜蓿生长及品质的影响．草业科学，2005，22（10）：36~40.

[157] 刘军，黄上志，傅家瑞．不同活力玉米种子胚萌发期间热激蛋白的合成．植物学报，2000，42（3）：253~257.

[158] 刘康，胡凤萍，张天真．棉花胚珠与纤维蛋白质的两种提取方法比较研究．棉花学报，2005，17（6）：323~327.

[159] 刘新，张蜀秋，娄后成．茉莉酸信号转导及其与脱落酸信号转导的关系．植物生理学通讯．2002，38（3）：285~288.

[160] 卢秀萍，白永富．烟草品种纯度鉴定技术研究进展．云南农业大学

学报，2006，21（4）：435～439.

[161] 陆忠华，汪霞．茉莉酸类物质与脱落酸的比较研究概况．浙江化工，2005，36（10）：28～30.

[162] 吕建敏，王德军，徐剑钦等．实验用兔的取血方法．实验兔专栏，2004，6：30～31.

[163] 马国芳，李钧敏，边才苗．白菜种子贮藏蛋白的聚丙烯酰凝胶电泳分析．中国蔬菜，2004，(3)：33～34.

[164] 马晓莉，侯大宜，周文英．王不留行及其伪品的蛋白质电泳鉴别．河北职工医学院学报，2001，18（2）：47～48.

[165] 彭方仁，郭 娟，徐柏森．木本植物营养贮藏蛋白质研究进展．植物学通报，2001，18（4）：445～450.

[166] 彭方仁，郭娟，黄金生等．银杏分泌腔的超微结构特征及与分泌物积累的相关．林业科学，2003，39（6）：25～32.

[167] 彭方仁，郭娟，陆燕等．银杏分泌腔发生和发育的解剖学研究．南京林业大学学报，2001，25（4）：41～44.

[168] 彭方仁，郭娟，王改萍等．Subcellular localization of vegetative storage protein of *Ginkgo biloba*. Acta Botanica Sinica，2004，46（1）：77～85.

[169] 彭方仁，王改萍，郭娟．银杏营养贮藏蛋白质的细胞学及生物化学分析．南京林业大学学报（自然科学版），2006，30（4）：109～113.

[170] 钱小红，贺福初．蛋白质组学：理论与方法．北京：科学出版社，2003.

[171] 饶桂荣，杨继华，薛妙男．沙田柚各器官特异蛋白质的研究．广西师范大学学报（自然科学版），2000，18（2）：78～81.

[172] 萨姆布鲁克勤克 J，弗里奇曼 E F，尼阿蒂斯大林 T. 分子克隆实验指南．第 2 版，北京：科学出版社，1993.

[173] 邵敏，李明，潘小玫等．Harpinxoo 多克隆抗体制备、鉴定与应用．中国农业科学，2005，38（8）：1570～1573.

[174] 寿森炎，汪俏梅．高等植物性别分化研究进展．植物学通报，

2000，17（6）：528～535.

[175] 苏萍，戴常军，任红波等．玉米蛋白质组分电泳特性的比较研究．黑龙江农业科学，2002，（1）：7～9.

[176] 孙崇荣，李育庆，汪景长．水稻种子蛋白质双向电泳分析．作物学报，1987，13（1）：63～68.

[177] 孙雁，朱有勇，朱永平等．蛋白质电泳在豌豆品种鉴定中的应用．种子，2004，23（2）：24～30.

[178] 谈建中，楼程富，平野久．桑树树液蛋白质的双向电泳分析．蚕业科学，1999，25（2）：65～69.

[179] 谭海燕，郝秉中，吴继林．热带落叶树降香黄檀次生韧皮部薄壁组织细胞超微结构的季节变化．云南植物研究，2000，22（4）：461～466.

[180] 汤健，朱广廉，曹宗巽．兰州百合精细胞特异蛋白的研究．植物学报，1997，39（6）：525～529.

[181] 田维敏，高政权，孟春晓等．VSPs 在热带树木中分布的细胞学研究．热带作物学报，2001，22（4）：1～8.

[182] 田维敏，吴继林，郝秉中等．15 科温带树木营养贮藏蛋白质的细胞学研究．西北植物学报，2000，20（5）：835～841.

[183] 田维敏，吴继林，郝秉中．大叶桃花心木营养贮藏蛋白质的细胞学研究．热带作物学报，1999，20（4）：25～36.

[184] 田维敏，吴继林．楝科树木营养贮藏蛋白质的研究．植物学报，2002，44（2）：242～245.

[185] 田维敏，闫兴富，胡正海．杨树新梢积累营养贮藏蛋白质的细胞学研究．西北植物学报，2003，23（7）：1143～1147.

[186] 田维敏．树木营养贮藏蛋白质的细胞学、生物化学和生物学功能的研究．西安：西北大学，2002.

[187] 万晶宏，贺福初．蛋白质组技术的研究进展．科学通报，1999，44（9）：904～911.

[188] 汪俏梅，曾方文．苦瓜性别分化的特异蛋白质研究．植物学报，

1998，40（3）：241～246.

[189] 王改萍，彭方仁，李生平．银杏叶片蛋白质含量动态变化的电泳分析．南京林业大学学报，2006，30（4）：114～118.

[190] 王改萍．银杏营养贮藏蛋白质的变化规律研究．南京林业大学硕士毕业论文，2003.

[191] 王汉潜，张学勇，王红梅等．小麦高分子量谷蛋白亚基专一性单克隆抗体的制备及其抗原决定簇的研究．中国科学 C 辑 生命科学，2004，34（4）：310～316.

[192] 王锡锋，周广和．大麦黄矮病毒介体麦二叉蚜和麦长管蚜体内传毒相关蛋白的确定．科学通报，2003，48（1）：1671～1675.

[193] 王晓峰，黄惠玲．超薄等电聚焦电泳技术在水稻品种鉴定上的应用. 种子，2000，110（4）：6～8.

[194] 王晓丽，房慧伶，周放等．海南鳨胃肠道内分泌细胞的免疫组织化学定位及形态观察．中国兽医科技，2005，35（7）：570～573.

[195] 王兆龙，曹卫星．细胞分裂素对植物基因表达的调节．植物生理学通讯．2000，36（1）：82～84.

[196] 王振英，彭永康，郑坚瑜．盐胁迫下水稻和黑麦幼苗蛋白质组分的变化．南开大学学报，2001，34（3）：112～115.

[197] 王志珍，邹承鲁．后基因组—蛋白质组研究．生物化学与生物物理学报，1998，30（6）：533～539.

[198] 魏琳，陈由强，叶冰莹等．卷柏总蛋白质提取方法及双向电泳条件的建立．生物技术通讯．2006，17（1）：46～48.

[199] 魏令波，江勇，舒念红等．沙冬青叶片热稳定抗冻蛋白特性分析．植物学报，1999，41（8）：837～841.

[200] 吴春西，宋小霞，王自安等．小麦品种纯度鉴定技术．中国种业，2004，（11）：45～46.

[201] 吴华莉，李震，钟诚等．胶体金免疫层析法用于禽流感亚型诊断．上海畜牧兽医通讯，2004，（5）：11～13.

[202] 吴继林，郝秉中，谭海燕．降香黄檀次生韧皮部薄壁组织细胞液泡

蛋白质形成和积累的超微结构研究．云南植物研究，1997，19：381～386.

[203] 吴继林，郝秉中．巴西橡胶树茎次生韧皮部中贮藏蛋白质的细胞．科学通报，1986，31（3）：221～223.

[204] 吴继林，郝秉中．降香檀次生韧皮部液泡蛋白质形成和积累的超微结构研究．植物学通报，1994，11（增刊）：35.

[205] 吴继林，郝秉中．巴西橡胶树茎次生韧皮部中贮藏蛋白质的细胞．科学通报，1986，31（3）：221～223.

[206] 吴继林，谭海燕，曾日中等．巴西橡胶树初生乳管分化和苗生长的关系．热带作物学报，2000，21（4）：1～6.

[207] 吴兰荣，陈静，胡文广等．利用贮藏蛋白 PAGE 电泳鉴定花生远缘杂种的研究．花生学报，2003，32（1）：12～16.

[208] 吴青霞，樊莉丽，彭方仁等．银杏营养贮藏蛋白质的细胞学研究．林业科技开发，2006，20（6）：19～22.

[209] 习莉，李亚兰，李芳芳．聚丙烯酰胺电泳法测定小麦种子纯度方法的改进．分析测试技术与仪器，2002，8（2）：119～121.

[210] 夏其昌，曾嵘．蛋白质化学与蛋白质组学．北京：科学出版社，2004.

[211] 夏仁学．果树的性别分化及其早期鉴定．果树科学，1997，14（1）：52～56.

[212] 肖华山，吕柳新，陈伟．荔枝雌花发育期蛋白质的特异性．热带作物学报，2002，23（4）：33～38.

[213] 熊正文，李春光，丁华野等．增强免疫细胞化学染色敏感性的新技术．北京军区医药，2000，13（2）：131～132.

[214] 徐茂军，董菊芳，朱睦元．NO 通过水杨酸（SA）或者茉莉酸（JA）信号途径介导真菌诱导子对粉葛悬浮细胞中葛根素生物合成的促进作用．中国科学，2006，36（1）：66～75.

[215] 薛妙男，杨继华．沙田柚自交、异交花柱蛋白质的双向电泳．广西师范大学学报，2000，18（3）：83～85.

[216] 颜启传，邓光联，支巨振．农作物品种电泳鉴定手册．上海：上海科学技术出版社，1998.

[217] 杨继华，颜承，薛妙男等．沙田柚花粉蛋白质双向电泳分析．广西师范大学学报，2002，20（2）：73～77.

[218] 杨万年，梁述平，吕应堂．钙调素激酶在玉米体内的免疫组织化学定位．武汉植物学研究，2004，22（1）：33～38.

[219] 杨晓梅，侯立静，康翠洁等．抗棉铃虫组织蛋白酶 B 单克隆抗体的制备及鉴定．山东大学学报（理学版），2004，39（6）：116～120.

[220] 姚永宏，徐泽，侯渝嘉等．秋季茶树内源激素的 ELISA 分析及其在不同器官中的分布．渝西学院学报，2005，4（4）：26～27.

[221] 易克，田云，徐向利等．水稻种子胚乳蛋白的双向电泳分析技术．湖南农业大学学报（自然科学版），2004，30（6）：513～515.

[222] 于善谦，王洪海，朱及硕等．免疫学导论．北京：高等教育出版社；德国：施普林格出版社，1999.

[223] 袁坤，王明庥，黄敏仁．林木蛋白质组学研究进展．中国生物工程杂志，2006，26（6）：88～92.

[224] 曾富华，王勇刚，姚志雄等．不同处理对水稻病程相关蛋白和过氧化物酶的影响．核农学报，2002，16（1）：8～14.

[225] 曾骧．果树生理学．北京：北京农业大学出版社，1992.

[226] 曾义安，朱月林，黄保健等．嫁接黄瓜的光合特性及叶片激素含量和可溶性蛋白研究．南京农业大学学报，2005，28（1）：16～19.

[227] 曾志杰，杨汉金，林梅馨．巴西橡胶叶片 RuBp 羧化酶含量及亚基分子量分析．福建热作科技，2002，27（4）：1～3.

[228] 张斌，唐锡华．水稻胚胎发育时期的特异性蛋白质．植物生理学报，1992，18（1）：85～92.

[229] 张恩平，张淑红等．盐协迫下不同盐敏感型番茄在蛋白质表达上的差异．沈阳农业大学学报，2005，36（1）：25～28.

[230] 张凤，陈伟．杂交水稻种子纯度鉴定方法概述．种子，2004，23（9）：55～58.

[231] 张国庆，廖杰，于力方．双向电泳技术在蛋白质组研究中的应用．标记免疫分析与临床，2003，10（3）：171～173.

[232] 张吉强，姚青，刘建军等．不同显色方法对免疫细胞化学显色结果的景响．第三军医大学学报，2002，24（3）：359～360.

[233] 张建成，江玉萍，王传堂等．花生品种鉴定技术研究进展．花生学报，2006，35（2）：24～28.

[234] 张潞生，李传友，贾建航等．猕猴桃雌雄性别的 AFLP 鉴别中 DNA 模板的制备．果树科学，1999，16（3）：171～175.

[235] 张为民，张钧，邢智峰等．五种黄精属植物的蛋白指纹分析．河南师范大学学报，1998，26（3）：70～74.

[236] 张晓勤，胡金勇，曾英等．天麻蛋白质的双向电泳和肽质量指纹谱分析与鉴定．云南植物研究，2004，26（1）：89～95.

[237] 张雪明．杨梅和银杏雌雄性的早期鉴别．经济林研究，1989，7（2）：79～80.

[238] 章璘，金孝胜，应冬勤．植物细胞分裂素在桃和葡萄上的应用．落叶果树，1996，（3）：8～9.

[239] 章璘．植物细胞分裂素在柑橘上的应用．浙江柑橘，1995，（1）：46～47.

[240] 章晓联．蛋白糖基化与免疫．中国免疫学杂志，2004，20：290～293.

[241] 赵斌，何绍江主编．微生物学实验．北京：科学出版社，2002.

[242] 赵会敏，房慧伶，李翔．眼镜蛇消化道三种内分泌细胞的免疫组织化学定位．广西农业生物科学，2004，23（2）：127～129.

[243] 赵云云，刘捷平．雌雄异株植物的生理生化特性及性别鉴定．北京师范学院学报，1991，12（4）：27～33.

[244] 郑蕊，喻德跃．适于蛋白质组研究的大豆种子蛋白双向电泳技术的改进．大豆科学，2005，24（3）：166～170.

[245] 钟伯雄．水稻蛋白质双向电泳分析新方法．浙江农业大学学报，1997，23（2）：128～132.

[246] 周国璋，吴祖洪．树木硝酸还原酶的研究概况．林业科学研究，1990，3（6）：601～605.

[247] 周勇岐．副猪嗜血杆菌病的病原分离、鉴定和诊断学方法的建立．山西农业大学硕士研究生毕业论文，2004.

[248] 朱友林，王建，余潮．植物蛋白质双向电泳及其考马斯亮蓝银染复合染色法．南昌大学学报（理科版），1999，23（2）：101～105.